图 7-2　Unreal 官方提供的车漆效果

图 7-3　珠光漆效果

图 7-16 车漆 Shader 测试效果

图 8-1 汽车流光灯效果

Unity Universal RP
内置Shader解析
Interpretation of Unity Universal RP Built-in Shader

唐福幸 ◎ 编著
Tang Fuxing

清华大学出版社
北京

内 容 简 介

本书是一部系统讲解 Unity Universal Render Pipeline 内置 Shader 的应用型图书，旨在使读者能够了解 URP 与传统渲染流水线 Shader 的不同之处，让读者尽快在 URP 项目中编写出所需的 Shader。

本书采用串联讲解的方式编写而成，主要分为三部分：

第一部分包含第 1 章，主要为了给读者普及 URP 的基本知识、项目的配置方法、内置 Shader 的不同用途以及 Package 中不同包含文件的作用，使之前还没有接触过 URP 的读者在学习之前能够全面了解 UPR；第二部分包含第 2~5 章，主要讲解了 URP 中最复杂的内置 Shader——Lit，以及 Shader 中关联到的包含文件、函数和宏定义；第三部分包含第 6~8 章，讲解了 Unlit 内置的可视化 Shader 编辑器 Shader Graph，并讲解了车漆和流光灯两个 Shader 案例，用于巩固前面章节所学到的内容，并加深对于 URP Shader 的理解。

本书主要适合各大培训机构、高等院校作为 Unity Shader 课程教材，或从事 Unity 程序开发的读者参考。

本书封面贴有清华大学出版社防伪标签，无标签者不得销售。
版权所有，侵权必究。举报：010-62782989，beiqinquan@tup.tsinghua.edu.cn。

图书在版编目(CIP)数据

Unity Universal RP 内置 Shader 解析/唐福幸编著.—北京：清华大学出版社，2021.10（2023.10印刷）
ISBN 978-7-302-59037-8

Ⅰ.①U… Ⅱ.①唐… Ⅲ.①图像处理软件－程序设计 Ⅳ.①TP317.4

中国版本图书馆 CIP 数据核字(2021)第 178841 号

责任编辑：赵　凯
封面设计：刘　键
责任校对：徐俊伟
责任印制：刘海龙

出版发行：清华大学出版社
网　　址：http://www.tup.com.cn, http://www.wqbook.com
地　　址：北京清华大学学研大厦 A 座　　　邮　编：100084
社 总 机：010-83470000　　　　　　　　　邮　购：010-62786544
投稿与读者服务：010-62776969, c-service@tup.tsinghua.edu.cn
质量反馈：010-62772015, zhiliang@tup.tsinghua.edu.cn
课件下载：http://www.tup.com.cn, 010-83470236

印 装 者：三河市少明印务有限公司
经　　销：全国新华书店
开　　本：186mm×240mm　　印　张：8.25　　插　页：1　　字　数：190 千字
版　　次：2021 年 10 月第 1 版　　　　　　印　次：2023 年 10 月第 5 次印刷
印　　数：3001~3500
定　　价：49.00 元

产品编号：091682-01

前言
PREFACE

写作背景

2020年5月,笔者所在公司启动了基于Unity引擎开发的3D汽车展示项目,使用户能够在手机上通过3D的方式查看市面上的所有汽车。考虑移动设备性能方面的问题,团队在技术路线上首选了Unity的Universal Render Pipeline(简称URP)。

随着功能开发的逐渐推进,笔者也逐渐发现这样一个问题:虽然Unity的可编程渲染流水线已经推出两年多了,但是其官方文档仍然没有补充完整,而仅有的几个文档也是点到即止,对于新手来说并不能起到很好的指导作用。虽然互联网上有很多关于这方面的文章分享,但至今没有发现系统讲解URP的,市面上更是没有一本关于这方面的书籍。

于是,笔者一边在网上查阅资料,一边翻看Shader的源码,然后在项目应用中不断测试并验证自己的假设,这一路走来,实属不易。想到肯定还有跟我一样的人正在或将要重走一遍这样的路,为了给他们提供一些帮助,笔者特地将自己的经验和成果总结下来,编辑成册。

虽然本书中仍然存在很多未研究透的知识点,但是读完本书之后,在Unity的URP项目中自己编写Shader已经完全不成问题。

适用群体

本书适合有Unity Shader基础的读者作为自学和研究URP的参考书,也适合目前使用传统渲染流水线做项目,打算往URP转换的读者用于技术预研的教程。

如果读者毫无Unity Shader编写经验,建议先阅读笔者的第一本书《Unity ShaderLab新手宝典》,这本书可以帮助你快速从"对Unity Shader一无所知"的状态变成"完全掌握Unity Shader"。

需要提前掌握的技能

作为一本Unity Shader的专业书籍,建议读者在阅读本书之前掌握如下技能:
(1) Unity的基本操作,例如添加物体、创建Shader文件、创建材质资源等。
(2) ShaderLab基础语法,例如定义属性变量、设置渲染状态等。
(3) Cg或HLSL基础语法,例如定义函数、声明变量等。
(4) 3D数学或空间几何相关知识,例如理解向量、矩阵、点乘运算等。

本书应该如何阅读

本书是按照笔者研究源码的思路进行编写的,引导读者从一个内置的Shader(Lit

shader)开始逐步了解 URP 项目中完整的 Shader 框架,所以强烈建议读者在阅读本书的时候能够坐在计算机前,启动 Unity,按照书中的引导打开并阅读源码。

Unity 为了实现模块化将 Shader 框架按照不同功能拆分成不同的文件,然后以包含文件的形式进行整合,因此在阅读源代码的过程中需要来回翻阅多个不同的文件,所以建议读者一次性阅读较多的篇幅,切勿在中间章节停下,否则前面讲解的内容很可能会遗忘。

某些 Shader 文件的代码量非常大,读者在阅读后面的代码时很容易就会忘记前面的代码,因此建议读者在阅读源代码的过程中养成添加注释的习惯。

特别鸣谢

在此非常感谢广大 Unity 爱好者能够积极分享自己对于 Unity 最新技术的理解,你们作为技术的"先行者",为后面的"追赶者"提供了丰富的知识储备,如果没有你们的贡献,Unity 技术的学习之路将会变得更加坎坷。

此外,我还要感谢我目前就职的公司——广州市有车以后信息科技有限公司,这是一家愉快、包容且充满激情的公司。感谢公司给我提供机会,使我能够从事自己喜欢的工作,并全身心投入技术研究当中。正是我所从事的工作,激发了这本书的写作灵感。

本书能够顺利出版,还要感谢清华大学出版社,在该出版社相关编辑的帮助下,本书才能得以顺利面世。

最后,本书是笔者在一边探索一边应用的状态下编写而成的,倘若有疏漏和不足之处,恳请读者批评指正。

2021 年 8 月

目录 CONTENTS

资源下载

第 1 章　初识 URP ·· 1

  1.1　URP 与 HDRP ·· 1

  1.2　创建 URP 项目 ·· 2

      1.2.1　创建新的 URP 项目 ·· 2

      1.2.2　升级旧项目为 URP 项目 ·· 2

  1.3　URP 内置 Shader ·· 6

      1.3.1　Lit ··· 6

      1.3.2　Simple Lit ··· 7

      1.3.3　Baked Lit ·· 7

      1.3.4　Unlit ·· 7

  1.4　手写 Shader 的必要性 ·· 8

  1.5　Shader 文件所在路径 ··· 9

  1.6　Packages 中的其他文件 ··· 9

      1.6.1　Core RP Librariy ··· 9

      1.6.2　Universal RP ·· 10

  1.7　常用文件之间的包含关系 ·· 10

第 2 章　Lit.shader ·· 12

  2.1　Lit 主文件 ··· 12

      2.1.1　Properties 代码块 ··· 12

      2.1.2　SubShader 代码块 ·· 14

      2.1.3　FallBack ·· 15

      2.1.4　代码结构 ··· 16

  2.2　ForwardLit Pass ·· 16

      2.2.1　Pass 标签 ·· 16

      2.2.2　编译指令 ··· 17

      2.2.3　声明关键词 ··· 18

2.2.4	包含指令	20
2.3	包含文件的定义及使用	21
	2.3.1 包含文件的定义方式	21
	2.3.2 包含文件的使用方式	22

第3章 LitInput.hlsl … 24

3.1	声明属性变量	24
3.2	纹理采样	26
	3.2.1 采样函数的宏定义	26
	3.2.2 金属和高光采样函数	26
	3.2.3 AO采样函数	27
3.3	SurfaceInput.hlsl	29
	3.3.1 SurfaceData 结构体	29
	3.3.2 透明度函数	29
	3.3.3 Albedo 纹理采样函数	30
	3.3.4 法线贴图采样函数	31
	3.3.5 自发光贴图采样函数	32
3.4	表面数据初始化函数	32
3.5	函数和宏定义总结	34

第4章 LitForwardPass.hlsl … 35

4.1	GPU 实例	35
4.2	结构体	37
	4.2.1 顶点函数输入结构体	37
	4.2.2 顶点函数输出结构体	38
4.3	Common.hlsl	40
	4.3.1 规范	40
	4.3.2 函数	44
4.4	输入数据初始化函数	44
	4.4.1 Input.hlsl	44
	4.4.2 初始化函数第1部分	45
	4.4.3 SpaceTransforms.hlsl	47
	4.4.4 初始化函数第2部分	48
4.5	顶点函数	50
	4.5.1 顶点函数第1部分	51
	4.5.2 顶点函数第2部分	51

  4.5.3 顶点函数第 3 部分 ·· 53
  4.5.4 顶点函数第 4 部分 ·· 55
 4.6 片段函数 ··· 57
 4.7 函数和宏定义总结 ··· 60
 4.8 Unlit Shader 案例 ··· 61
  4.8.1 完整 Shader 代码 ··· 61
  4.8.2 代码解析 ··· 62

第 5 章 其余四个 Pass ··· 64

 5.1 ShadowCaster Pass ··· 64
  5.1.1 Pass 代码块 ·· 64
  5.1.2 ShadowCasterPass.hlsl ··· 65
 5.2 DepthOnly Pass ··· 69
  5.2.1 Pass 代码块 ·· 69
  5.2.2 DepthOnlyPass.hlsl ··· 70
 5.3 Meta Pass ··· 71
  5.3.1 Pass 代码块 ·· 71
  5.3.2 MetaPass.hlsl ··· 72
 5.4 Universal2D Pass ··· 75
  5.4.1 Pass 代码块 ·· 76
  5.4.2 Universal2D.hlsl ··· 76

第 6 章 Shader Graph ··· 79

 6.1 Shader Graph 介绍 ·· 79
 6.2 使用流程 ··· 79
 6.3 常用节点 ··· 81
  6.3.1 数据输入类节点 ·· 81
  6.3.2 数学计算类节点 ·· 83
  6.3.3 向量处理类节点 ·· 87
  6.3.4 视觉调整类节点 ·· 88

第 7 章 车漆 Shader 案例 ··· 90

 7.1 设计逻辑 ··· 90
 7.2 使用 Shader Graph 梳理逻辑 ·· 91
  7.2.1 创建属性变量 ··· 91
  7.2.2 Albedo 部分节点 ··· 92

  7.2.3 Occlusion 部分节点 ································· 93
  7.2.4 Clear Coat 部分节点 ································ 94
  7.2.5 Flake 部分节点 ··································· 95
  7.2.6 Specular 和 Smoothness 部分节点 ···················· 96
  7.2.7 完整节点连接 ····································· 97
 7.3 测试 Shader 效果 ·· 98
 7.4 编写车漆 Shader 代码 ···································· 98
  7.4.1 CarPaint.shader 文件 ······························ 98
  7.4.2 CarPaintInput.hlsl 文件 ···························· 101
  7.4.3 CarPaintForwardPass.hlsl 文件 ······················ 104

第 8 章　流光灯特效 Shader 案例 ·································· 108

 8.1 效果分析 ·· 108
 8.2 使用 Shader Graph 梳理逻辑 ······························ 109
  8.2.1 开放属性变量 ···································· 109
  8.2.2 Albedo 和 Normal 部分节点 ························· 110
  8.2.3 Metallic 和 Smoothness 部分节点 ···················· 110
  8.2.4 灯光部分节点连接 ································ 111
  8.2.5 完整节点连接 ···································· 112
 8.3 编写流光灯 Shader 代码 ································· 113
  8.3.1 FlowingLight.shader 文件 ·························· 113
  8.3.2 FlowingLightInput.hlsl 文件 ························ 115
  8.3.3 FlowingLightForwardPass.hlsl 文件 ·················· 117

后记 ·· 121

参考文献 ·· 122

第1章 初识URP

通用渲染流水线(Universal Render Pipeline,URP),是 Unity 在可编程渲染流水线(Scriptable Render Pipeline,SRP)的基础上定义的通用渲染流水线,除此之外还有高清渲染流水线(High Definition Render Pipeline,HDRP)。

本章主要讲解 URP 的基本知识,使读者在使用之前能够更全面地认识 URP。如果读者对于 URP 已经有了全面的了解,则可以跳过本章。

1.1 URP 与 HDRP

在讲解 URP 和 HDRP 之前,不得不先提一下 SRP。为了让用户可以根据项目需要定义适合自己的渲染流水线(Render Pipeline),使其拥有更高的扩展性,Unity 于 2018.1 版本中推出了可编程渲染流水线功能,并提供了两个可以直接使用的 SRP 模板,分别是高清渲染流水线和轻量级渲染流水线(Light Wight Render Pipeline,LWRP)。

HDRP 是专门为了配备高性能显卡的设备而量身打造的渲染流水线,例如 PS5、Xbox One 等,模板中提供了更多的材质效果设置和更高质量的光照效果,对于渲染效果有了非常大的提升,因此对于硬件设备的要求比较高。

LWRP 是专门为了移动端打造的渲染流水线,当然也可以应用于其他平台。相比于 HDRP,其在性能与效果之间做了权衡,在渲染效果方面适当地作出了妥协,从而使大多数移动设备都能够流畅运行。

那 URP 是怎么来的呢? Unity 在 2019.3 版本中将 LWRP 进行了升级,并将名称改为 URP,这就是本书所要讲解的渲染流水线。

1.2 创建 URP 项目

Unity 提供了两种创建 URP 项目的方法：一种是创建一个新的 URP 模板项目；另一种是让用户将现有的旧项目升级成 URP 项目。

1.2.1 创建新的 URP 项目

如果读者想要从零开始创建一个新的 URP 项目，可以按照以下步骤操作：

（1）打开 Unity Hub。

（2）在 Projects（中文版显示为"项目"）页面的右上角单击 NEW（中文版显示为"创建"）按钮。

（3）在创建项目弹窗中选择 Universal Render Pipeline。

（4）设置项目名称和保存路径，然后单击弹窗右下角的 CREATE（中文版显示为"创建"）按钮。

Unity 的创建项目弹窗如图 1-1 所示。

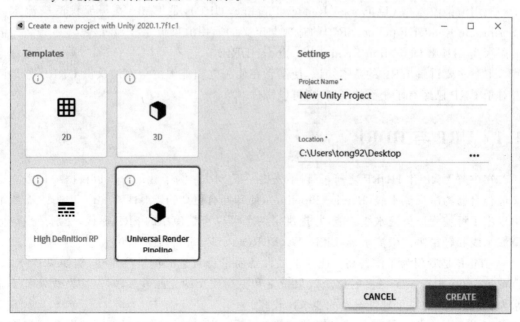

图 1-1　Unity 的创建项目弹窗

1.2.2 升级旧项目为 URP 项目

当然，用户也可以对现有的旧项目进行升级，从而使旧项目拥有 URP 功能，升级操作如下所示。本书使用的 Unity 版本为 2020.1.7f1c1，其他版本 Unity 操作应该类似，不过建议尽量使用最新版本。

1. 安装 URP 扩展包

（1）在 Unity 的 Window 菜单中单击 Package Manager 选项，打开 Package Manager 窗口。

（2）如图 1-2 所示，在 Package Manager 窗口左上角的下拉菜单中选择 Unity Registry 选项，窗口左侧就会显示出所有的 Unity 官方扩展包。由于国内网络原因，有时候可能需要等待一段时间才能刷新出来。

（3）找到 Universal RP，或者也可以在右上角的输入框中输入"Universal"进行搜索，然后单击窗口右下角的 Install 按钮安装，从而将 URP 安装到当前项目中。

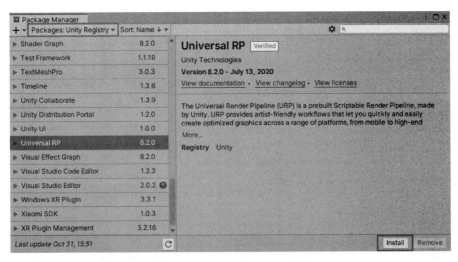

图 1-2 Package Manager 窗口

本书所使用的 URP 版本为 8.2.0。

2. 创建 URP Asset

Unity 在 URP 中开放给用户很多调节渲染质量的设置选项，用户可以通过 URP Asset 文件进行设置，创建步骤如下：

在 Assets 菜单中依次单击 Create > Rendering > Universal Render Pipeline > Pipeline Asset (Forward Renderer)，Unity 会在项目资源的当前路径中自动创建出 UniversalRenderPipelineAsset 和 UniversalRenderPipelineAsset_Renderer 两个文件，如图 1-3 所示。

图 1-3 Pipeline Asset

选中 UniversalRenderPipelineAsset 文件之后，即可在面板中设置 Anti Aliasing（抗锯齿）、Render Scale（渲染倍率）、Cast Shadows（投射阴影）、Shadow Resolution（阴影分辨率）等一系列影响渲染质量的选项，设置面板如图 1-4 所示。

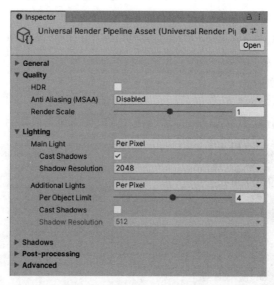

图 1-4　URP Asset 设置面板

创建了 URP Asset 之后，还需要将其添加到当前项目的图形设置中才能生效，操作步骤如下所示：

在 Edit 菜单中选择 Project Settings... 选项，在弹出的项目设置窗口左侧选择 Graphics，如图 1-5 所示，将上一步创建的 URP Asset 文件拖动到 Scriptable Render Pipeline Settings 中即可。

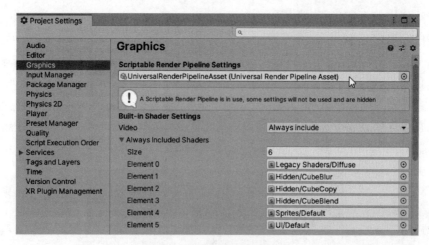

图 1-5　Unity 项目设置窗口

3. 升级旧材质

使用了新的 URP Asset 之后，项目中的所有物体会立刻变成紫色，不必担心，这是由于 URP 与旧项目中的 Shader 不兼容导致的，只需要在 Edit 菜单中依次单击 Render Pipeline > Universal Render Pipeline > Upgrade Project Materials to URP Materials，即可将当前项目中的所有材质升级为 URP 的内置材质。

Unity 在 URP 的官方文档中详细列举了旧材质升级为 URP 材质的 Shader 映射关系，如表 1-1 所示。

表 1-1 旧材质升级为 URP 材质的 Shader 映射

旧项目 Shader	URP Shader
Standard	Universal Render Pipeline/Lit
Standard（Specular Setup）	Universal Render Pipeline/Lit
Standard Terrain	Universal Render Pipeline/Terrain/Lit
Particles/Standard Surface	Universal Render Pipeline/Particles/Lit
Particles/Standard Unlit	Universal Render Pipeline/Particles/Unlit
Mobile/Diffuse	Universal Render Pipeline/Simple Lit
Mobile/Bumped Specular	Universal Render Pipeline/Simple Lit
Mobile/Bumped Specular(1 Directional Light)	Universal Render Pipeline/Simple Lit
Mobile/Unlit（Supports Lightmap）	Universal Render Pipeline/Simple Lit
Mobile/VertexLit	Universal Render Pipeline/Simple Lit
Legacy Shaders/Diffuse	Universal Render Pipeline/Simple Lit
Legacy Shaders/Specular	Universal Render Pipeline/Simple Lit
Legacy Shaders/Bumped Diffuse	Universal Render Pipeline/Simple Lit
Legacy Shaders/Bumped Specular	Universal Render Pipeline/Simple Lit
Legacy Shaders/Self-Illumin/Diffuse	Universal Render Pipeline/Simple Lit
Legacy Shaders/Self-Illumin/Bumped Diffuse	Universal Render Pipeline/Simple Lit
Legacy Shaders/Self-Illumin/Specular	Universal Render Pipeline/Simple Lit
Legacy Shaders/Self-Illumin/Bumped Specular	Universal Render Pipeline/Simple Lit
Legacy Shaders/Transparent/Diffuse	Universal Render Pipeline/Simple Lit
Legacy Shaders/Transparent/Specular	Universal Render Pipeline/Simple Lit
Legacy Shaders/Transparent/Bumped Diffuse	Universal Render Pipeline/Simple Lit
Legacy Shaders/Transparent/Bumped Specular	Universal Render Pipeline/Simple Lit
Legacy Shaders/Transparent/Cutout/Diffuse	Universal Render Pipeline/Simple Lit
Legacy Shaders/Transparent/Cutout/Specular	Universal Render Pipeline/Simple Lit
Legacy Shaders/Transparent/Cutout/Bumped Diffuse	Universal Render Pipeline/Simple Lit
Legacy Shaders/Transparent/Cutout/Bumped Specular	Universal Render Pipeline/Simple Lit

经过以上操作之后，原有的旧项目就可以被成功改造成 URP 项目了，用户也就可以在现有的项目中体验到 URP 的所有功能。

1.3 URP 内置 Shader

在 URP 项目中，由于 SRP 不兼容旧渲染流水线 Shader，因此即便是当前项目已经升级为 URP 项目，如果新创建的材质继续使用旧 Shader 还是会显示紫色，所以在 URP 项目中一定要使用 URP Shader。为了方便用户选择，Unity 将所有可用的 Shader 都放在了"Universal Render Pipeline"路径中，如图 1-6 所示。

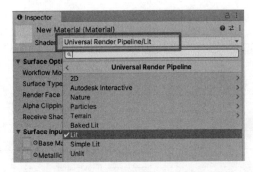

图 1-6　URP 项目中可以使用的内置 Shader

1.3.1　Lit

Lit 可以称得上是 URP 的万能 Shader 了，它使用了基于物理属性的渲染（Physicallly-Based Rendering，PBR）光照模型，遵循能量守恒定律。使用该 Shader 的物体可以非常真实地与灯光及其他物体进行光照交互，使得渲染效果更加逼真，Lit 的材质面板如图 1-7 所示。

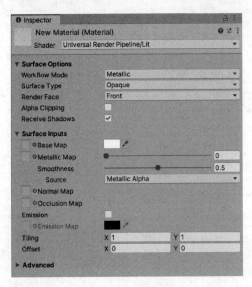

图 1-7　Lit 材质面板

相比于旧渲染流水线中的 Standard Shader，Lit 不仅将 Metallic 和 Specular 两种工作流整合在一起，以方便用户在两者之间快速切换，还开放了几何体的剔除模式（前面剔除、背面剔除或双面显示），用户在项目中使用这一个 Shader 就可以实现大部分常见的材质效果，因此 Lit 是 URP 项目中最常用的 Shader，也是本书主要讲解的 Shader。

1.3.2 Simple Lit

由于某些应用需要运行在低端设备上，因此对于应用的性能会有非常严格的要求，这种情况下可以使用 Simple Lit，材质面板如图 1-8 所示。

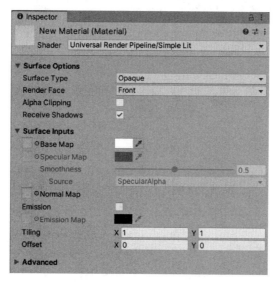

图 1-8　Simple Lit 材质面板

Simple Lit 并没有使用 PBR 光照模型，而是使用 Blinn-Phong 光照模型对光照效果进行了近似地模拟，因此与 Lit 相比计算量更少、计算速度更快。

1.3.3 Baked Lit

当用户的项目需要风格化渲染，不需要实时光照和高光反射等渲染效果时，可以使用 Baked Lit，材质面板如图 1-9 所示。

Baked Lit 同样也没有使用 PBR 光照模型，甚至也没有使用 Blinn-Phong 光照模型，所有的光照数据只来自 Unity 烘焙的光照贴图（Lightmaps）和灯光探针（Light Probes），因此不支持实时光照。与 Sample Lit 相比，Baked Lit 的计算速度要更快。

1.3.4 Unlit

当用户希望输入的颜色不经过任何计算直接输出，可以使用 Unlit，材质面板如图 1-10 所示。

Unity Universal RP内置Shader解析

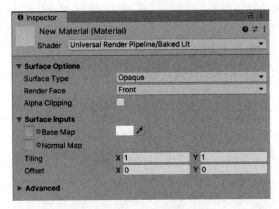

图1-9 Baked Lit材质面板

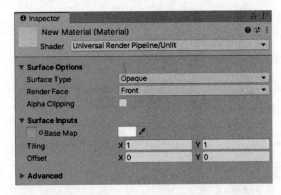

图1-10 Unlit材质面板

Unlit没有使用任何光照模型，不会产生任何灯光交互，是URP中计算速度最快的Shader。

1.4 手写Shader的必要性

众所周知，Unity在URP和HDRP中内置了可视化Shader编辑工具——Shader Graph，用户可以在不编写代码的情况下，通过可视化的节点编辑即可实现绚丽的Shader效果，再加上Unity官方对其进行的大量宣传以及效果案例的展示，用户不免会产生这样的疑问：既然已经有了Shader Graph，还有必要学习手写shader吗？

笔者的回答是：有必要，并且无论何时，手写Shader都是必须要掌握的技能。为什么呢？最重要的一个原因是Shader Graph会在生成的Shader文件中自动添加很多个Pass，例如阴影Pass、深度Pass等，而用户使用节点编辑的仅仅只是前向渲染的Pass，这就会导致最终的Shader文件非常大，严重影响性能。

笔者在技术预研的时候曾经使用Shader Graph实现过车漆的Shader，最后生成的（非编译后的）Shader 代码竟然将近一万行，并且可读性非常差。

另外一个原因就是很多功能无法在 Shader Graph 中实现，例如开启曲面细分功能、Stencil Test、使用 Material Property Drawer 轻量化地自定义材质面板等，或许 Unity 会在后面的版本中增加这些功能。

1.5　shader 文件所在路径

在 URP 项目中，Unity 将所有内置的 shader 文件都保存在 Packages/Universal RP/Shaders 路径中，路径下的文件如图 1-11 所示。文件缩略图显示为 S 样式的文件为 Shader 文件，而文本样式的文件则为 Shader 的包含文件。关于 Shader 文件以及包含文件之间如何关联使用的内容，本书接下来会做详细讲解。

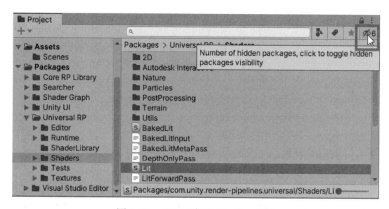

图 1-11　URP 内置 Shader 文件

需要注意的是：项目资源右上角的隐藏按钮（图 1-11 中右上角方框内的按钮）需要保持关闭状态，否则读者在 Packages 路径中将不会看到任何文件。

1.6　Packages 中的其他文件

为了使代码具有重用性，Unity 使用了模块化的思想，将实现不同功能的代码分别保存为不同文件，这些文件同样也保存在 Packages 中，其中两个最重要的路径为 Packages/Core RP Libraries 和 Packages/Universal RP，如图 1-12 所示，下面对这两个路径中的文件进行详细讲解。

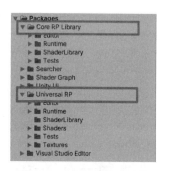

图 1-12　URP 中最重要的两个路径

1.6.1　Core RP Library

Core RP Library 其实并不是真实的文件夹名称，Unity 为了方便用户查看，从而在 UI 上对显示的名称进

Unity Universal RP内置Shader解析

行了处理，真实名称其实是 com.unity.render-pipelines.core。

路径下的 ShaderLibrary 文件夹中保存了大量用于 Shader 计算的库文件，例如 Unity 的宏定义、预定义的函数、不同平台的 API 等，是用户在编写 Shader 的过程中需要频繁查阅的路径。下面通过表 1-2 对 Core RP Library/ShaderLibrary 路径中经常用到的文件及其作用进行汇总。

表 1-2　Core RP Library/ShaderLibrary 路径中的常用文件

文件名称	描述
Common	定义了新的数据类型 real 和一些通用性的函数
CommonLighting	定义了灯光计算的通用函数
CommonMaterial	定义了粗糙度的计算函数和一些纹理叠加混合的计算函数
EntityLighting	定义了光照贴图采样和环境光解码相关操作的函数
ImageBasedLighting	定义了 Skybox 光照相关的函数
Macros	包含了很多宏定义
Packing	定义了数据解包相关的函数
Refraction	定义了折射函数
SpaceTransforms	定义了大量空间变换相关的函数
Tessellation	定义多种了不同类型的曲面细分函数

1.6.2　Universal RP

Universal RP 同样也是一个虚假的显示名称，真实名称为 com.unity.render-pipelines.universal/ShaderLibrary。路径下的 ShaderLibrary 文件中保存了 URP 内置 Shader 所关联的包含文件，编写 Shader 的时候会经常将需要的文件包含进来。下面通过表 1-3 对 Universal RP/ShaderLibrary 路径中经常用到的文件及其作用进行汇总。

表 1-3　Universal RP/ShaderLibrary 路径中的常用文件

文件名称	描述
Core	URP 的核心文件，包含了大量顶点数据、获取数据的函数等
Input	定义了 InputData 结构体、常量数据和空间变换矩阵的宏定义
Lighting	定义了光照计算相关的函数，包括全局照明、多种光照模型等
Shadows	定义了计算阴影相关的函数
SurfaceInput	定义 SurfaceData 结构体和几种纹理的采样函数
UnityInput	包含了大量可以直接使用的全局变量和变换矩阵

1.7　常用文件之间的包含关系

在 Unity 中使用包含的方式将所需的文件进行关联。例如，Core 文件中包含了

Common、Packing 和 Input 三个文件,而 Input 中又包含了 UnityInput、UnityInstancing 和 SpaceTransforms 三个文件。

为了方便后面更快地查找文件,下面通过图 1-13 将一些常用文件之间的包含关系展示出来,箭头指向的文件表示被这个文件所包含。

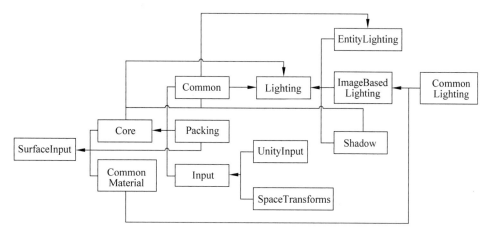

图 1-13　不同文件之间的包含关系

(1) SurfaceInput 包含了 Core、Packing、CommonMaterial。
(2) Core 包含了 Common、Packing、Input。
(3) Input 包含了 UnityInput、SpaceTransforms。
(4) Lighting 包含了 Core、Common、EntityLighting、ImageBasedLighting、Shadow。
(5) ImageBasedLighting 包含了 CommonLighting、CommonMaterial。
(6) Shadow 包含了 Core。

第2章

Lit.shader

本书在第 1、第 2 章中详细讲解了 URP 相关的基础知识，以及 Package 路径下相关文件的不同用途，使用户在阅读 Shader 代码之前能够更全面地了解 URP。从这一章开始将正式进入 URP 内置 Shader——Lit 的讲解。Lit 是 URP 中使用率最高的 Shader，同时也是代码量和计算量最大的 Shader，用户掌握了 Lit 之后，自然也会掌握 Simple Lit 等其他内置的 Shader。

为了减少非必要的篇幅，本书不会粘贴所有的 Shader 代码，因此在阅读接下来的内容之前，建议用户启动 Unity，打开对应的文件，然后对照着本书阅读代码。如果用户忘记了内置 Shader 的保存路径，请回顾第 1 章的内容。

2.1 Lit 主文件

扩展名为 .shader 的文件为 Shader 的主文件，Lit 主文件的所在路径为 Packages/Universal RP/Shaders/Lit.shader，主文件使用 ShaderLab 语言编写。

2.1.1 Properties 代码块

Lit 开放了非常多的属性，因此 Properties 部分的代码量非常大。本书只将关键的几个部分进行讲解，代码如下：

```
Shader "Universal Render Pipeline/Lit"
{
    Properties
    {
        // Specular vs Metallic workflow
```

```
[HideInInspector] _WorkflowMode("WorkflowMode", Float) = 1.0

[MainTexture] _BaseMap("Albedo", 2D) = "white" {}
[MainColor] _BaseColor("Color", Color) = (1,1,1,1)
```

解析：

Lit 在 Shader 选择列表中的路径为 Universal Render Pipeline/Lit。在 Properties 代码块中开放了 Metallic 和 Specular 两种工作流所用到的属性变量，然后 Unity 会使用自定义的 Shader GUI 控制材质面板上属性显示的样式。

在上述代码中有很多属性前面都添加了特性指令，其中[HideInInspector]指令可以使当前属性在材质面板上隐藏，[MainTexture]指令会将_BaseMap 设置为主纹理。默认情况下，Unity 只会将变量名称为_MainTex 的纹理属性作为主纹理，如果用户想要使用不同的变量名称，则需要在属性变量前面添加[MainTexture]指令。需要注意的是，如果 Shader 中添加了多个该指令，只有第一个指令会生效。

当 Shader 中设置了主纹理之后，就可以在 C♯脚本中使用 Material.mainTexture = texture 语句，为使用该 Shader 的材质直接指定纹理资源，示例代码如下：

```
public Texture texture;
void Start()
{
    Material mat = GetComponent<Renderer>().material;
    mat.mainTexture = texture;
}
```

代码中，[MainColor]指令会将_BaseColor 属性设置为主颜色，默认情况下，Unity 只会将变量名称为_Color 的颜色属性作为主颜色，如果用户想要使用不同的变量名称，则需要在属性前面添加[MainColor]指令。与[MainTexture]指令一样，如果 Shader 中添加了多个[MainColor]指令，只有第一个指令会生效。

当 Shader 中设置了主颜色之后，就可以在 C♯脚本中使用 Material.color = color 语句，为使用该 Shader 的材质直接设置颜色，代码如下：

```
void Start()
{
    Material mat = GetComponent<Renderer>().material;
    mat.color = Color.red;
}

[ToggleOff] _SpecularHighlights("Specular Highlights", Float) = 1.0
[ToggleOff] _EnvironmentReflections("Environment Reflections", Float) = 1.0
```

解析：

[ToggleOff]指令可以使数值类型的属性在材质面板上显示为开关样式，如图 2-1 所示。

图 2-1　材质面板上的开关样式

使用了[ToggleOff]指令的属性如果想要在编译指令中声明关键词,需要遵循以下规则:

#pragma shader_feature 大写属性名称_OFF

上述代码中的两个属性变量,需要使用以下语句声明关键词:

#pragma shader_feature _SPECULARHIGHLIGHTS_OFF
#pragma shader_feature _ENVIRONMENTREFLECTIONS_OFF

除此之外,ShaderLab 中还有另外一个指令也可以实现相同的功能:[Toggle]。
使用了该指令的属性变量如果想要在编译指令中声明关键词,需要遵循以下规则:

#pragma shader_feature 大写属性名称_ON

[ToggleOff]指令的关键词后面接 OFF,[Toggle]指令的关键词后面接 ON,很容易记。

2.1.2　SubShader 代码块

Lit.shader 中只有一个 SubShader,框架结构如下:

```
SubShader
{
    // Universal Pipeline tag is required. If Universal render pipeline is not set in the graphics settings
    // this Subshader will fail. One can add a subshader below or fallback to Standard built-in to make this
    // material work with both Universal Render Pipeline and Builtin Unity Pipeline
    Tags{"RenderType" = "Opaque" "RenderPipeline" = "UniversalPipeline" "IgnoreProjector" = "True"}
    LOD 300

    Pass // ForwardLit
    {
    }

    Pass // ShadowCaster
    {
    }

    Pass // DepthOnly
```

```
        {
        }

        Pass // Meta
        {
        }

        Pass // Universal2D
        {
        }
    }
```

解析：

SubShader 开头有三段比较长的注释，所要表达的大致意思如下：

SubShader 需要添加"RenderPipeline" = "UniversalPipeline"标签，用于告诉 Unity 当前 SubShader 需要在 URP 中运行。该标签是在 Packages/Universal RP /Runtime/UniversalRenderPipeline.cs 文件中定义的，代码如下：

```
// For compatibility reasons we also match oldLightweightPipeline tag.
Shader.globalRenderPipeline = "UniversalPipeline,LightweightPipeline";
```

从代码中可以看出，Unity 对于 LWRP 做了兼容处理，将标签设置为 LightweightPipeline 也是可以的。

如果用户想使一个 Shader 既可以在 URP 中运行，又可以在传统渲染流水线中运行，可以再加一个 SubShader，或者通过 FallBack 指令回退到一个兼容传统渲染流水线的 Shader。

SubShader 中连续使用了 5 个 Pass，分别为：前向渲染 Pass（ForwardLit）、阴影投射 Pass（ShadowCaster）、深度 Pass（DepthOnly）、光照贴图 Pass（Meta）和 2D 渲染 Pass（Universal2D）。

现在先不着急阅读 Pass 中的代码，本书在接下来的章节中会对这些 Pass 作详细讲解。

2.1.3 FallBack

Lit.shader 的最后两行代码如下：

```
FallBack "Hidden/Universal Render Pipeline/FallbackError"
CustomEditor "UnityEditor.Rendering.Universal.ShaderGUI.LitShader"
```

解析：

FallBack 回退到一个名称为 FallbackError 的 Shader，该文件的保存路径为 Packages/Universal RP/Shaders/Utils/FallbackError.shader。Shader 中的代码非常简单，实现的是在传统渲染流水线中将物体显示为紫色(1,0,1,1)的效果，因此当用户在传统流水线中使用了该 Shader，物体就会显示紫色。

Lit 使用了自定义的 ShaderGUI，从而使用户在调节材质属性的时候更加得心应手。

ShaderGUI 文件的保存路径为 Packages/Universal RP/Editor/ShaderGUI/Shaders/LitShader.cs,关于该文件的内容不在本书的讲解范围之内,感兴趣的用户可以自己阅读该文件中的代码。

2.1.4 代码结构

为了更直观地理解 Lit 主文件的代码组成结构,下面将主文件中的各部分代码整理成组织结构图,如图 2-2 所示。

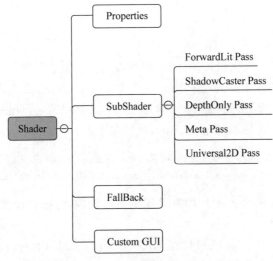

图 2-2　Lit 主文件的代码结构

2.2　ForwardLit Pass

ForwardLit 是 SubShader 中的第一个 Pass,也是代码量及知识点最多的 Pass,下面开始分开讲解这部分的代码。

2.2.1　Pass 标签

URP 中的 Shader 使用了新的 Pass 标签,代码如下:

```
// Forward pass. Shades all light in a single pass. GI + emission + Fog
Pass
{
    // Lightmode matches the ShaderPassName set in UniversalRenderPipeline.cs. SRPDefaultUnlit and passes with
    // no LightMode tag are also rendered by Universal Render Pipeline
    Name "ForwardLit"
    Tags{"LightMode" = "UniversalForward"}
```

第2章 Lit.shader

解析：

Pass 之前的注释很详细地说明了这个 Pass 的作用，大致意思是：这是前向渲染 Pass，可以计算所有的光照效果，包括全局光照（Global Illumination，GI）、自发光（Emission）、雾效（Fog）。

Pass 代码块中的注释提出了几条关于该 Pass 的注意事项：

（1）光照模式标签一定要与 UniversalRenderPipeline.cs 文件中定义的名称相匹配。

（2）在 SRP 中创建的 Unlit Shader 就算 Pass 中没有 LightMode 标签，也可以在 URP 中正常渲染。换句话说就是，如果用户编写 Unlit 类型的 Shader，可以不添加 LightMode 标签。

接下来代码中定义了 Pass 的名称为 ForwardLit，光照模式标签为 UniversalForward。

2.2.2 编译指令

ForwardLit Pass 的编译指令代码如下：

```
HLSLPROGRAM
// Required to compile gles 2.0 with standard SRP library
// All shaders must be compiled with HLSLcc and currently only gles is not using HLSLcc
by default
#pragma prefer_hlslcc gles
#pragma exclude_renderers d3d11_9x
#pragma target 2.0
```

解析：

Shader 代码块不再像传统渲染流水线那样使用 CGPROGRAM…ENDCG 包裹，而是使用 HLSLPROGRAM…ENDHLSL，也就是说，URP 中的 Shader 不再使用 Nvidia 的 Cg（C for Graphic）语言编写，而是使用微软的 HLSL（High Level Shading Language）语言。

那么为什么 Unity 要放弃 Cg 转而使用 HLSL 呢？这是因为使用 Cg 编写的 Shader 默认会隐式地包含一些其他文件（例如 HLSLSupport.cginc 和 UnityShaderVariables.cginc），从而导致文件非常复杂，而 HLSL 就不会存在这种问题，任何内容都必须显式地添加，因此相对于 Cg 编写的 Shader 更加精简。

不过读者也不必担心，HLSL 的语法跟 Cg 的语法几乎是一模一样，转换编写语言几乎是没有任何难度的。

下面开始讲解代码。HLSL 语言最开始首先添加了三条编译指令，并且 Unity 已经在上面添加了注释说明，大致意思是：目前除了 OpenGL ES 2.0，其他图形库全都默认使用 HLSLcc 编译器，因此添加 prefer_hlslcc gles 指令使 OpenGL ES 2.0 也使用 HLSLcc 编译器。由于兼容性问题，添加 exclude_renderers d3d11_9x 指令使编译器不为 Direct3D 11 9.x 功能级别的渲染平台编译 Shader。

2.2.3 声明关键词

Pass 中根据用途将关键词分为三大类：Material Keywords（材质属性关键词）、Universal Pipeline keywords（渲染流水线关键词）和 Unity defined keywords（Unity 定义的关键词），下面对这些关键词的名称及作用逐个进行说明。代码如下：

```
// Material Keywords
#pragma shader_feature _NORMALMAP
#pragma shader_feature _ALPHATEST_ON
#pragma shader_feature _ALPHAPREMULTIPLY_ON
#pragma shader_feature _EMISSION
#pragma shader_feature _METALLICSPECGLOSSMAP
#pragma shader_feature _SMOOTHNESS_TEXTURE_ALBEDO_CHANNEL_A
#pragma shader_feature _OCCLUSIONMAP

#pragma shader_feature _SPECULARHIGHLIGHTS_OFF
#pragma shader_feature _ENVIRONMENTREFLECTIONS_OFF
#pragma shader_feature _SPECULAR_SETUP
#pragma shader_feature _RECEIVE_SHADOWS_OFF
```

解析：

这些关键词是为材质属性声明的，在材质面板上与属性的对应关系如图 2-3 所示。

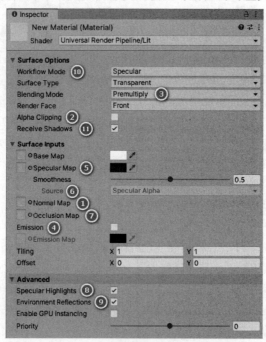

图 2-3 Material 关键词对应的材质属性

（1）当添加了法线贴图（图中①位置），就会传入_NORMALMAP 关键词。

（2）当开启透明裁切（图中②位置），就会传入_ALPHATEST_ON 关键词。

（3）当混合模式设置为 Premultiply（图中③位置），就会传入_ALPHAPREMULTIPLY_ON 关键词。

（4）当开启自发光（图中④位置），就会传入_EMISSION 关键词。

（5）当金属工作流使用了金属贴图（图中⑤位置）或者高光工作流使用了高光贴图，就会传入_METALLICSPECGLOSSMAP 关键词。

（6）当光滑度的数据源选择了 Specular Alpha（图中⑥位置），就会传入_SMOOTHNESS_TEXTURE_ALBEDO_CHANNEL_A 关键词。

（7）当添加了 AO 贴图（图中⑦位置），就会传入_OCCLUSIONMAP 关键词。

（8）当关闭镜面高光反射（图中⑧位置），就会传入_SPECULARHIGHLIGHTS_OFF 关键词。

（9）当关闭环境反射开关（图中⑨位置），就会传入_ENVIRONMENTREFLECTIONS_OFF 关键词。

（10）当选择高光工作流（图中⑩位置），就会传入_SPECULAR_SETUP 关键词。

（11）当关闭接收阴影（图中⑪位置），就会传入_RECEIVE_SHADOWS_OFF 关键词。

声明渲染流水线部分的关键词，代码如下：

```
// ------------------------------------
// Universal Pipeline keywords
#pragma multi_compile _ _MAIN_LIGHT_SHADOWS
#pragma multi_compile _ _MAIN_LIGHT_SHADOWS_CASCADE
#pragma multi_compile _ _ADDITIONAL_LIGHTS_VERTEX _ADDITIONAL_LIGHTS
#pragma multi_compile _ _ADDITIONAL_LIGHT_SHADOWS
#pragma multi_compile _ _SHADOWS_SOFT
#pragma multi_compile _ _MIXED_LIGHTING_SUBTRACTIVE
```

解析：

这些关键词是为渲染流水线声明的，在设置面板上与属性的对应关系如图 2-4 所示。

（1）当主光开启投射阴影（图中①位置），就会传入_MAIN_LIGHT_SHADOWS 关键词。

（2）当阴影开启 Cascades（图中②位置），就会传入_MAIN_LIGHT_SHADOWS_CASCADE 关键词。

（3）当额外灯光选择了逐顶点光照（图中③位置），就会传入_ADDITIONAL_LIGHTS_VERTEX _ADDITIONAL_LIGHTS 关键词。

（4）当额外灯光开启投射阴影（图中④位置），就会传入_ADDITIONAL_LIGHT_SHADOWS 关键词。

（5）当阴影开启柔软效果（图中⑤位置），就会传入_SHADOWS_SOFT 关键词。

最后一个关键词不属于 Render Pipeline Asset 的设置，而是 GI 的设置，在菜单中依次单击

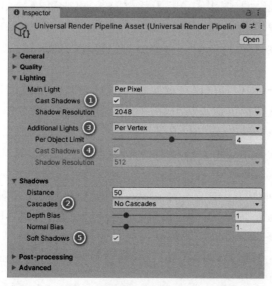

图 2-4 Universal Pipeline 关键词对应的设置选项

Window > Rendering > Lighting 即可打开 Lighting 的设置面板，GI 设置选项如图 2-5 所示。当光照模式选择为 Subtractive，就会传入 _MIXED_LIGHTING_SUBTRACTIVE 关键词。

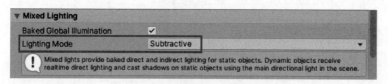

图 2-5 光照模式设置选项

```
// ---------------------------------------
// Unity defined keywords
#pragma multi_compile _ DIRLIGHTMAP_COMBINED
#pragma multi_compile _ LIGHTMAP_ON
#pragma multi_compile_fog
```

解析：

这一部分的关键词与场景的光照设置有关，同样也是在 Lighting 设置面板中。例如，是否使用 Directional 模式烘焙光照贴图，是否启用光照贴图，是否启用雾效。

2.2.4 包含指令

Pass 中包含了两个 hlsl 文件，代码如下：

```
// GPU Instancing
#pragma multi_compile_instancing
```

```
#pragma vertex LitPassVertex
#pragma fragment LitPassFragment

#include "LitInput.hlsl"
#include "LitForwardPass.hlsl"
ENDHLSL
```

解析：

Pass 中添加了 multi_compile_instancing 编译指令使 Shader 支持 GPU 实例（Instancing）功能，关于这方面的内容会在第 4.1 节详细讲解。接下来声明顶点函数名称为 LitPassVertex、片段函数名称为 LitPassFragment，最后将 LitInput.hlsl 和 LitForwardPass.hlsl 包含进 Pass。

至此，第一个 Pass 的代码结束，但是在 Pass 中并没有看到任何关于变量声明、顶点函数和片段函数的代码，可见这些代码都写在了 LitInput.hlsl 和 LitForwardPass.hlsl 这两个包含文件中。

2.3 包含文件的定义及使用

URP 中的内置 Shader 也是遵循模块化的思想编写的，在主文件中会包含其他文件，而其他文件中又会继续包含另外一些文件，因此在继续讲解 Lit 之前先插入对于包含文件相关知识点的讲解。

2.3.1 包含文件的定义方式

由于包含文件中依然可以包含其他文件，同一个文件可能会被多个不同的文件包含在内，因此在编写 Shader 的过程中极有可能出现同一个文件被包含多次的情况。为了避免重复包含导致代码重复，包含文件的定义一般以判断语句开始，并且整个文件的代码都是写在判断语句内的，以 Core.hlsl 文件为例，代码如下：

```
#ifndef UNIVERSAL_PIPELINE_CORE_INCLUDED
#define UNIVERSAL_PIPELINE_CORE_INCLUDED

//文件代码

#endif
```

在定义包含文件之前需要先使用 #ifndef 指令判断当前文件中是否已经定义了 UNIVERSAL_PIPELINE_CORE_INCLUDED。如果是，说明该文件已经被包进来了，不需要再次包含。只有当 UNIVERSAL_PIPELINE_CORE_INCLUDED 没有被定义的时候，才会使用 #define 指令定义 UNIVERSAL_PIPELINE_CORE_INCLUDED 包含文件以及接下来的代码。

2.3.2　包含文件的使用方式

包含文件的使用方式与文件保存的路径有关，一般只会存在以下两种情况。

1. 与主文件在同一路径

当用户将包含文件与主文件保存在同一路径的时候，例如图 2-6 所示情况，主文件 Unlit 与包含文件 UnlitInclude 都在 Assets/Shader 路径中。

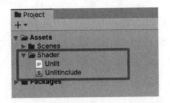

图 2-6　包含文件与主文件在同一路径

这种情况下可以在包含指令中直接添加包含文件的完整名称，从而定位到 UnlitInclude 文件，代码如下：

```
#include "UnlitInclude.hlsl"
```

除此之外，也可以使用相对路径的定位方法，代码如下：

```
#include "./UnlitInclude.hlsl"
```

包含文件相对于主文件所在位置进行定位，路径前的 ./ 表示返回到 Unlit 文件的父级，也就是 Shader 文件夹，后面接上 UnlitInclude.hlsl 表示在 Shader 文件夹下查找 UnlitInclude.hlsl 文件。

2. 与主文件在不同路径

当用户将包含文件与主文件分别保存在不同路径的时候，如图 2-7 所示，主文件 Unlit 在 Assets/Shader 路径中，包含文件 UnlitInclude 在 Assets/ShaderInclude 路径中。

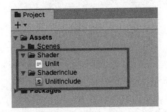

图 2-7　包含文件与主文件在不同路径

这种情况下可以使用绝对路径的定位方法，代码如下：

```
#include "Assets/ShaderInclude/UnlitInclude.hlsl"
```

在项目资源面板中选中包含文件,然后右击 Copy Path 命令,或者使用快捷键 Ctrl+Alt+C,即可快速复制该文件的路径。

当然,也可以使用相对路径的定位方法,代码如下:

```
#include "../ShaderInclude/UnlitInclude.hlsl"
```

路径前的../表示返回 Unlit 文件父级的父级,也就是 Assets 文件夹,后面接 ShaderInclude/UnlitInclude.hlsl 表示在 Assets 文件夹下查找 ShaderInclude 中的 UnlitInclude.hlsl 文件。

第3章 LitInput.hlsl

LitInput.hlsl 是 ForwardLit Pass 中的第一个包含文件,通过名字可以猜测出它是用来保存输入各种数据的,本章就对该文件及其包含的其他包含文件进行讲解。

建议用户在阅读本书的同时打开 LitInput.hlsl 文件阅读代码,该文件路径为 Packages/Universal RP/Shaders/LitInput.hlsl。

3.1 声明属性变量

UPR 中声明纹理资源的方式与传统渲染流水线有一些不同,这也是本节需要重点讲解的内容,Shader 代码如下:

```
#include "Packages/com.unity.render-pipelines.universal/ShaderLibrary/Core.hlsl"
#include "Packages/com.unity.render-pipelines.core/ShaderLibrary/CommonMaterial.hlsl"
#include "Packages/com.unity.render-pipelines.universal/ShaderLibrary/SurfaceInput.hlsl"

CBUFFER_START(UnityPerMaterial)
float4 _BaseMap_ST;
half4 _BaseColor;
half4 _SpecColor;
half4 _EmissionColor;
half _Cutoff;
half _Smoothness;
half _Metallic;
half _BumpScale;
half _OcclusionStrength;
CBUFFER_END
```

```
TEXTURE2D(_OcclusionMap);         SAMPLER(sampler_OcclusionMap);
TEXTURE2D(_MetallicGlossMap);     SAMPLER(sampler_MetallicGlossMap);
TEXTURE2D(_SpecGlossMap);         SAMPLER(sampler_SpecGlossMap);
```

解析：

文件在开始的位置将 Core.hlsl、CommonMaterial.hlsl 和 SurfaceInput.hlsl 这三个文件包含了进来，因为后面会用到这些文件中定义的函数和结构体。

接下来使用 CBUFFER_START(UnityPerMaterial)…CBUFFER_END 将声明的属性变量包含其中。CBuffer 的全称为 Constant Buffer（常量缓存区），该功能是在 DirectX 10 版本中引入的，在 DirectX 9 中并不存在 CBuffer。

在 DirectX 9 中发送到 GPU 命令缓存区的数据大部分是着色器常量数据（Constant Data），而不同着色阶段访问的相同的数据是不能保存的，只能在同一阶段进行设置。例如，顶点着色器阶段与片段着色器阶段分别访问相同的常量但是必须设置两次。换句话说就是，常量缓存区出现之前，切换着色阶段需要重新设置常量。而常量缓冲区功能改变了这一现状，它是在 GPU 中单独划分出来一块用于存储常量的区域，可以绑定到不同的着色阶段，所以常量不再需要存储多次，如此一来便可以更高效地进行计算。

URP 中纹理的声明方式与传统渲染流水线有很大的区别，Unity 将声明纹理和定义采样器分离开了，首先使用 TEXTURE2D(_textureName) 指令声明纹理，然后使用 SAMPLER(sampler_textureName) 指令定义该纹理的采样器。如果需要用到纹理的 Scale 和 Offset 属性，还需要在 CBuffer 中声明一个 float4 类型的变量，名称为：纹理名称_ST。

既然提到了采样器，下面再详细讲解。采样器可以定义纹理设置面板上的 Wrap Mode（重复模式）与 Filter Mode（过滤模式）选项，设置选项如图 3-1 所示。

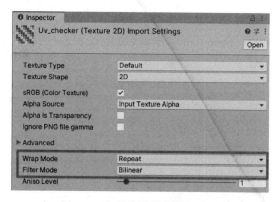

图 3-1 纹理采样器的设置选项

采样器有 3 种定义方式：

（1）SAMPLER(sampler_textureName)：这种方式表示使用 textureName 这个纹理在设置面板中设定的采样方式，这是最常用的定义方式。

（2）SAMPLER(filter_wrap)：使用自定义的采样器设置，自定义的采样器一定要同时包含过滤模式和重复模式的设置,例如 SAMPLER(point_clamp)。

(3) SAMPLER(filter_wrapU_wrapV):可以同时为 U 和 V 设置不同的重复模式,例如 SAMPLER(linear_clampU_mirrorV)。

过滤模式可以设置的选项有:point、linear、triLinear。

重复模式可以设置的选项有:clamp、repeat、mirror、mirrorOnce。

细心的用户可能会发现,_BaseMap、_BumpMap 和_EmissionMap 这 3 个纹理变量并没有在当前文件中声明,这是因为它们已经在 SurfaceInput.hlsl 文件中声明了,关于该文件的内容会在第 3.3 节中详细讲解。

3.2 纹理采样

3.2.1 采样函数的宏定义

Shader 代码如下:

```
#ifdef _SPECULAR_SETUP
    #define SAMPLE_METALLICSPECULAR(uv) SAMPLE_TEXTURE2D(_SpecGlossMap, sampler_SpecGlossMap, uv)
#else
    #define SAMPLE_METALLICSPECULAR(uv) SAMPLE_TEXTURE2D(_MetallicGlossMap, sampler_MetallicGlossMap, uv)
#endif
```

解析:

这段代码定义了 SAMPLE_METALLICSPECULAR(uv)在不同工作流中所进行的操作。当在材质面板中选择了 Specular 工作流,宏定义表示的是对_SpecGlossMap 进行采样;否则就是对_MetallicGlossMap 采样。

在 URP 中,纹理使用 SAMPLE_TEXTURE2D(_textureName, sampler, uv)宏定义进行采样,其中:

(1) _textureName:指需要采样的纹理。

(2) Sample:3.1 节中讲到的采样器。

(3) uv:指纹理坐标。

3.2.2 金属和高光采样函数

SampleMetallicSpecGloss()函数的代码如下:

```
half4 SampleMetallicSpecGloss(float2 uv, half albedoAlpha)
{
    half4 specGloss;
```

```
    # ifdef _METALLICSPECGLOSSMAP
        specGloss = SAMPLE_METALLICSPECULAR(uv);
        # ifdef _SMOOTHNESS_TEXTURE_ALBEDO_CHANNEL_A
            specGloss.a = albedoAlpha * _Smoothness;
        # else
            specGloss.a *= _Smoothness;
        # endif
    # else // _METALLICSPECGLOSSMAP
        # if _SPECULAR_SETUP
            specGloss.rgb = _SpecColor.rgb;
        # else
            specGloss.rgb = _Metallic.rrr;
        # endif

        # ifdef _SMOOTHNESS_TEXTURE_ALBEDO_CHANNEL_A
            specGloss.a = albedoAlpha * _Smoothness;
        # else
            specGloss.a = _Smoothness;
        # endif
    # endif

    return specGloss;
}
```

解析：

这段代码定义了_MetallicGlossMap 和_SpecGlossMap 的采样函数，函数需要传入纹理坐标和 Albedo 纹理的 a 分量。函数对有无使用纹理这两种情况分别进行判断。

如果定义了_METALLICSPECGLOSSMAP，也就是材质使用了金属贴图或高光贴图，就使用第 3.2.1 节中讲解的 SAMPLE_METALLICSPECULAR()宏定义对纹理进行采样，得到 specGloss 变量。

接下来继续进行判断，如果定义了_SMOOTHNESS_TEXTURE_ALBEDO_CHANNEL_A，也就是材质的 Source 选项选择了 Albedo Alpha，specGloss 的 a 分量等于 Albedo 纹理的 a 分量乘以材质的光滑度属性，否则等于 specGloss 的 a 分量乘以光滑度参数。

如果材质没有使用金属贴图或高光贴图，下面再次进行判断，如果材质选择 Specular 工作流，specGloss 的 rgb 分量等于材质的高光色属性，否则等于材质的金属度属性。接下来同样也根据材质的 Source 选项进行判断，判断结果与使用纹理的情况类似，这里不再赘述。

3.2.3　AO 采样函数

SampleOcclusion()函数的代码如下：

```
half SampleOcclusion(float2 uv)
{
    #ifdef _OCCLUSIONMAP
    // TODO: Controls things like these by exposing SHADER_QUALITY levels (low, medium, high)
        #if defined(SHADER_API_GLES)
            return SAMPLE_TEXTURE2D(_OcclusionMap, sampler_OcclusionMap, uv).g;
        #else
            half occ = SAMPLE_TEXTURE2D(_OcclusionMap, sampler_OcclusionMap, uv).g;
            return LerpWhiteTo(occ, _OcclusionStrength);
        #endif
    #else
        return 1.0;
    #endif
}
```

解析：

这段代码定义了_OCCLUSIONMAP 的采样函数，需要将纹理坐标传入函数。函数中对有无使用纹理这两种情况进行了判断。

如果定义了_OCCLUSIONMAP，也就是材质中使用了 AO 贴图，则继续进行判断，如果定义了 SHADER_API_GLES，也就是目标平台是移动设备，为了性能优化，函数直接返回采样结果。否则，将采样结果在 LerpWhiteTo() 函数中做插值运算之后再返回，如此一来就可以通过_OcclusionStrength 变量调节 AO 的强度。

如果材质中没有使用 AO 纹理，则返回数值 1，表示物体完全受环境光的影响。

这里有必要单独讲解 LerpWhiteTo() 函数，该函数是在 CommonMaterial.hlsl 文件中定义的，代码如下：

```
real LerpWhiteTo(real b, real t)
{
    real oneMinusT = 1.0 - t;
    return oneMinusT + b * t;
}

real3 LerpWhiteTo(real3 b, real t)
{
    real oneMinusT = 1.0 - t;
    return real3(oneMinusT, oneMinusT, oneMinusT) + b * t;
}
```

函数中引入了一个新的数据类型 real，这个类型是在 Common.hlsl 文件中定义的。函数一般使用 float 和 half 修饰数据的精度，当函数同时支持这两种精度的时候，则使用 real 修饰符。由于 LitInput.hlsl 先包含了 Core.hlsl 文件，并且 Core.hlsl 中已经包含了 Common.hlsl 文件，因此这个数据类型可以正常使用。

CommonMaterial.hlsl 文件中定义了 real 和 real3 两个版本的 LerpWhiteTo() 函数，实

现了重载功能,也就是说一维变量和三维变量都可以调用 LerpWhiteTo()函数计算。函数名称已经非常清楚的说明了函数的作用,就是将数值 1.0 与第一个传入的参数进行插值计算,此时与 lerp(1.0, b, t)的计算结果是一样的。

3.3 SurfaceInput.hlsl

接下来原本应该讲解 InitializeStandardLitSurfaceData()函数,但是由于该函数中会频繁用到了 SurfaceInput.hlsl 文件中定义的函数和结构体,因此不妨先来讲解 SurfaceInput.hlsl 文件中的代码。

3.3.1 SurfaceData 结构体

文件中声明了几个变量,定义了 SurfaceData 结构体,代码如下:

```
#include "Packages/com.unity.render-pipelines.universal/ShaderLibrary/Core.hlsl"
#include "Packages/com.unity.render-pipelines.core/ShaderLibrary/Packing.hlsl"
#include "Packages/com.unity.render-pipelines.core/ShaderLibrary/CommonMaterial.hlsl"

TEXTURE2D(_BaseMap);         SAMPLER(sampler_BaseMap);
TEXTURE2D(_BumpMap);         SAMPLER(sampler_BumpMap);
TEXTURE2D(_EmissionMap);     SAMPLER(sampler_EmissionMap);

// Must match Universal ShaderGraph master node
struct SurfaceData
{
    half3 albedo;
    half3 specular;
    half metallic;
    half smoothness;
    half3 normalTS;
    half3 emission;
    half occlusion;
    half alpha;
};
```

文件在开始的位置将 Core.hlsl、Packing.hlsl 和 CommonMaterial.hlsl 这三个文件包含了进来,并声明了_BaseMap、_BumpMap 和_EmissionMap 这三个纹理变量及其采样器,这也解释了为什么 LitInput.hlsl 中没有声明这三个纹理变量了。

接下来定义了 SurfaceData 结构体,可以看出,这些变量与传统渲染流水线中表面着色器(Surface Shader)的输出结构体中所定义的变量基本上是一样的,已经包含了 PBR 光照模型所需要的所有表面属性。

3.3.2 透明度函数

Alpha()函数的代码如下:

```
half Alpha(half albedoAlpha, half4 color, half cutoff)
{
#if !defined(_SMOOTHNESS_TEXTURE_ALBEDO_CHANNEL_A) && !defined(_GLOSSINESS_FROM_BASE_ALPHA)
    half alpha = albedoAlpha * color.a;
#else
    half alpha = color.a;
#endif

#if defined(_ALPHATEST_ON)
    clip(alpha - cutoff);
#endif

    return alpha;
}
```

解析：

本函数的主要目的是计算透明属性和透明裁切功能，函数需要传入 Albedo 纹理的 alpha 通道、基础色和裁切值 3 个参数。函数中先后进行了 2 个判断：

_SMOOTHNESS_TEXTURE_ALBEDO_CHANNEL_A 和 _GLOSSINESS_FROM_BASE_ALPHA 都是指材质面板上 Source 的 Albedo Alpha 选项，如果没有使用这一选项，alpha 变量等于 Albedo 纹理的 alpha 通道乘上基础色的 a 分量，否则等于基础色的 a 分量。

接下来进行第二个判断，如果定义了 _ALPHATEST_ON，也就是材质开启了 Alpha Clipping 开关，则调用 clip() 函数进行透明裁切。函数最后返回 alpha 变量。

3.3.3 Albedo 纹理采样函数

SampleAlbedoAlpha() 函数的代码如下：

```
half4 SampleAlbedoAlpha(float2 uv, TEXTURE2D_PARAM(albedoAlphaMap, sampler_albedoAlphaMap))
{
    return SAMPLE_TEXTURE2D(albedoAlphaMap, sampler_albedoAlphaMap, uv);
}
```

解析：

函数实现了采样 Albedo 纹理的功能，在传入的参数中，有一个 TEXTURE2D_PARAM() 宏定义，该宏定义在不同图形库的 API 文件中都有定义，本书以 D3D11 为例进行讲解，文件路径为 Packages/Core RP Library/ShaderLibrary/API/D3D11.hlsl，其他图形库的 API 文件也在该路径中。宏定义代码如下：

```
#define TEXTURE2D_PARAM(textureName, samplerName) TEXTURE2D(textureName), SAMPLER(samplerName)
```

从代码中可以看出，该宏定义最终转换为一个纹理变量和一个采样器，因此

SampleAlbedoAlpha()函数除了需要传入纹理坐标之外,其实还需要传入一个纹理变量及其采样器。

函数中使用 SAMPLE_TEXTURE2D()宏定义对传入的纹理进行采样,并返回采样结果。

3.3.4 法线贴图采样函数

SampleNormal()函数的代码如下:

```
half3 SampleNormal(float2 uv, TEXTURE2D_PARAM(bumpMap, sampler_bumpMap), half scale = 1.0h)
{
    #ifdef _NORMALMAP
        half4 n = SAMPLE_TEXTURE2D(bumpMap, sampler_bumpMap, uv);
        #if BUMP_SCALE_NOT_SUPPORTED
            return UnpackNormal(n);
        #else
            return UnpackNormalScale(n, scale);
        #endif
    #else
        return half3(0.0h, 0.0h, 1.0h);
    #endif
}
```

解析:

函数实现了采样法线贴图的功能,传入的参数比第 3.3.3 节中讲解的 SampleAlbedoAlpha()函数多了一个名称为 scale 的一维变量用于控制法线强度,并且该参数在声明的同时就已经被初始化为 1。

在函数中先判断材质是否使用了法线贴图,如果是,则法线贴图采样得到变量 n。接下来继续进行判断,当定义 BUMP_SCALE_NOT_SUPPORTED 时,也就是当前设备不支持调节法线强度,则调用 UnpackNormal()函数将采样之后的法线贴图解包并返回;否则,调用 UnpackNormalScale()函数,并返回修改法线强度之后的结果。

如果材质中没有使用法线纹理,函数直接返回三维向量(0.0h,0.0h,1.0h),也就是切线空间法线向量的默认值。

函数中使用的 UnpackNormal()函数和 UnpackNormalScale()函数都是在 Packing.hlsl 文件中定义的,代码如下:

```
real3 UnpackNormal(real4 packedNormal)
{
    #if defined(UNITY_NO_DXT5nm)
        return UnpackNormalRGBNoScale(packedNormal);
    #else
        // Compiler will optimize the scale away
        return UnpackNormalmapRGorAG(packedNormal, 1.0);
```

```
        #endif
    }

    real3 UnpackNormalScale(real4 packedNormal, real bumpScale)
    {
        #if defined(UNITY_NO_DXT5nm)
            return UnpackNormalRGB(packedNormal, bumpScale);
        #else
            return UnpackNormalmapRGorAG(packedNormal, bumpScale);
        #endif
    }
```

这两个函数的结构非常相似,函数中通过判断结果分别调用两个不同的函数。当定义 UNITY_NO_DXT5nm 时,也就是说当前平台不使用 DXT5nm 压缩法线贴图(移动平台),UnpackNormal()函数和 UnpackNormalScale()函数内部会分别调用 UnpackNormalRGBNoScale()函数和 UnpackNormalRGB()函数;否则,这两个函数内部都调用 UnpackNormalmapRGorAG()函数,只不过 UnpackNormal()函数中的法线强度始终保持为 1。

3.3.5 自发光贴图采样函数

SampleEmission()函数的代码如下:

```
    half3 SampleEmission(float2 uv, half3 emissionColor, TEXTURE2D_PARAM(emissionMap, sampler_emissionMap))
    {
        #ifndef _EMISSION
            return 0;
        #else
            return SAMPLE_TEXTURE2D(emissionMap, sampler_emissionMap, uv).rgb * emissionColor;
        #endif
    }
```

解析:

函数实现了对自发光贴图采样的功能,传入的参数比 SampleAlbedoAlpha()函数多一个名称为 emissionColor 的三维变量,用于控制自发光颜色。

函数中只做了一个判断,当没有定义 _EMISSION 时,也就是材质没有开启自发光开关,函数返回 0;否则,函数中将自发光贴图采样之后与传入的自发光颜色相乘,最后返回乘积。

3.4 表面数据初始化函数

InitializeStandardLitSurfaceData()函数的代码如下:

```
    inline void InitializeStandardLitSurfaceData(float2 uv, out SurfaceData outSurfaceData)
```

```hlsl
{
    half4 albedoAlpha = SampleAlbedoAlpha(uv, TEXTURE2D_ARGS(_BaseMap, sampler_BaseMap));
    outSurfaceData.alpha = Alpha(albedoAlpha.a, _BaseColor, _Cutoff);

    half4 specGloss = SampleMetallicSpecGloss(uv, albedoAlpha.a);
    outSurfaceData.albedo = albedoAlpha.rgb * _BaseColor.rgb;

    #if _SPECULAR_SETUP
        outSurfaceData.metallic = 1.0h;
        outSurfaceData.specular = specGloss.rgb;
    #else
        outSurfaceData.metallic = specGloss.r;
        outSurfaceData.specular = half3(0.0h, 0.0h, 0.0h);
    #endif

    outSurfaceData.smoothness = specGloss.a;
    outSurfaceData.normalTS = SampleNormal(uv, TEXTURE2D_ARGS(_BumpMap, sampler_BumpMap), _BumpScale);
    outSurfaceData.occlusion = SampleOcclusion(uv);
    outSurfaceData.emission = SampleEmission(uv, _EmissionColor.rgb, TEXTURE2D_ARGS(_EmissionMap, sampler_EmissionMap));
}
```

解析：

该函数实现的功能是初始化 SurfaceData 结构体中的变量并将其输出，函数需要传入纹理坐标，供内部调用的其他函数使用，而这些函数已经在本文件和 SurfaceInput.hlsl 文件中定义过了，下面开始详细讲解。

首先调用第 3.3.3 节中讲解的 SampleAlbedoAlpha() 函数对 _BaseMap 纹理采样得到 albedoAlpha 变量，函数中套用了 TEXTURE2D_ARGS() 宏定义，该宏定义也是在各个平台的 API 文件中定义的，以 D3D11.hlsl 文件为例，代码如下：

```hlsl
#define TEXTURE2D_ARGS(textureName, samplerName) textureName, samplerName
```

可以看出，宏定义只是将纹理和采样器这两个参数合并在一起，并没有做其他操作。

接下来调用第 3.3.2 节讲解的 Alpha() 函数，并将结果保存到 SurfaceData 结构体的 Alpha 变量中。albedoAlpha 与 _BaseColor 变量相乘的结果保存到结构体的 albedo 变量中。

然后调用第 3.2.2 节讲解的 SampleMetallicSpecGloss() 函数对金属贴图和高光贴图采样得到 specGloss 变量，然后进行如下判断。

如果材质选择了高光工作流，结构体中的 metallic 变量的值等于 1，specular 变量等于 specGloss 的 rgb 分量；否则，结构体的 metallic 变量的值等于 specGloss 的 r 分量，specular 变量为黑色。由于 SampleMetallicSpecGloss() 函数中已经对于光滑度相关的所有情况都进行了判断，并保存到 a 分量中，因此直接将 specGloss 的 a 分量保存到 SurfaceData 结构体的 smoothness 变量中。

后面的 normalTS、occlusion 和 emission 都是直接调用了之前定义好的函数,然后传入需要的参数中,这里就不再赘述了。

3.5 函数和宏定义总结

到现在为止,LitInput.hlsl 文件的代码全部讲解完,本章涉及的常用宏定义和函数在表 3-1 中进行了汇总。

表 3-1 第 3 章涉及的常用函数和宏定义

宏或函数	说　　明
SAMPLE_TEXTURE2D(textureName, samplerName, coord2)	纹理采样的宏定义,需要传入纹理、采样器和纹理坐标
realLerpWhiteTo(real b, real t)	在 1 与 b 之间进行线性插值,一维向量函数
real3LerpWhiteTo(real3 b, real t)	在 1 与 b 之间进行线性插值,三维向量函数
real3UnpackNormal(real4 packedNormal)	将采样之后的法线向量解包
real3UnpackNormalScale(real4 packedNormal, real bumpScale)	将采样之后的法线向量解包,并通过 bumpScale 变量控制法相强度

第4章

LitForwardPass.hlsl

LitForwardPass.hlsl 是 ForwardLit Pass 的第二个包含文件，通过名称可以大致推测出这个文件是用于前向渲染（Forward Render）的，文件的保存路径与 LitInput.hlsl 一样，也是在 Packages/Universal RP/Shaders 文件夹中。

4.1 GPU 实例

为了实现 GPU 实例（GPU Instancing）功能，代码中使用了很多宏定义，并且这些宏定义贯穿了整个 LitForwardPass.hlsl 文件。因此在开始讲解该文件之前，先补充一点关于 GPU 实例相关的知识。

在 Unity 中，批处理（Batching）是一种降低 Draw Call 的有效方法，除此之外，还可以使用 GPU 实例达到同样的目的。GPU 实例可以在只使用少量的 Draw Call 的情况下一次性绘制同一个网格（Mesh）的多个副本，这对于建筑、树、草或者其他在场景中重复出现的物体非常有效。

GPU 实例虽然功能强大，但是也有一些局限，它在每次绘制调用（Draw Call）时只能渲染完全一样的网格，不过每个实例仍然可以有不同的参数，例如颜色、缩放等。GPU 实例对于使用平台也有限制，以下是可以使用的平台及 3D 图形接口：

（1）Windows 平台上的 DirectX 11 和 DirectX 12。

（2）Windows、Mac OS、Linux、iOS 和 Android 平台上的 OpenGL Core 4.1 及以上版本，ES 3.0 及以上版本。

（3）Mac OS 和 iOS 平台上的 Metal。

（4）Windows、Linux 和 Android 平台上的 Vulkan。

（5）PlayStation 4 和 Xbox One。

（6）WebGL（需要使用 WebGL 2.0 API）。

下面通过 Unity 官方文档中的案例演示 GPU 示例的具体效果。

场景中有大量完全一样的球体，并且这些球体使用的是同一材质。在未开启 GPU 实例的情况下运行，渲染状态如图 4-1 所示。注意右上角的渲染状态，面板上显示：本次渲染执行了 2005 次调用，只节省了 19 次调用。

图 4-1　未开启 GPU 实例的渲染状态

当开启 GPU 实例之后，渲染状态如图 4-2 所示。本次渲染只执行了 24 次调用，节省了 1095 次调用。

图 4-2　开启 GPU 实例之后的渲染状态

经过对比可以看出，GPU 实例可以降低绘制调用的次数，非常显著地提升渲染性能，不过这个功能默认是关闭的，需要在材质设置面板的高级设置中勾选 Enable GPU Instancing 选项以开启 GPU 实例功能，如图 4-3 所示。

图 4-3　开启材质的 GPU 实例功能

使用 GPU 示例功能有以下几点需要特别注意：

（1）当 GPU 实例和静态批处理同时开启的时候，静态批处理会优先执行，如果批处理执行成功，该物体的实例功能则会被禁用，并且在 Console 面板会收到对应的警告提醒。

（2）当 GPU 实例和动态批处理同时开启的时候，GPU 实例优先执行，并且会自动禁用动态批处理。

4.2　结构体

下面开始正式进入 LitForwardPass.hlsl 文件的讲解。该文件中定义了两个非常重要的结构体，分别是顶点函数输入结构体 Attributes 和顶点函数输出结构体 Varyings，下面详细讲解这两个结构体。

4.2.1　顶点函数输入结构体

LitForward Pass 的顶点函数输出结构体名称为 Attributes，代码如下：

```
#include "Packages/com.unity.render-pipelines.universal/ShaderLibrary/Lighting.hlsl"

struct Attributes
{
    float4 positionOS       : POSITION;
    float3 normalOS         : NORMAL;
    float4 tangentOS        : TANGENT;
    float2 texcoord         : TEXCOORD0;
    float2 lightmapUV       : TEXCOORD1;
    UNITY_VERTEX_INPUT_INSTANCE_ID
};
```

解析：

Shader 中首先将 Lighting.hlsl 文件包含了进来，后面在片段着色器中计算光照时会用到该文件中定义的函数，现在先不做讲解。

顶点函数输入结构体的名称为 Attributes，内部定义的变量依次为：模型空间顶点坐标、模型空间法线向量、模型空间顶点切线向量、第一套 UV 坐标、第二套 UV 坐标(用于采样光照贴图)。变量所使用的语义与传统渲染流水线一样,这里不再赘述。

在实现 GPU 实例的过程中,每个网格实例的数据都是保存在数组中的,不同实例需要通过对应数组的索引才能获取到,索引也被称作实例 ID(Instance ID)。于是在顶点输入和输出结构体中使用 UNITY_VERTEX_INPUT_INSTANCE_ID 宏定义可以获取到实例的 ID,该宏定义在 Packages/Core RP Library/ShaderLibrary/UnityInstancing.hlsl 文件中定义,感兴趣的读者可以自行查阅代码。

4.2.2 顶点函数输出结构体

LitForward Pass 的顶点函数输出结构的名称为 Varyings,代码如下:

```
struct Varyings
{
    float2 uv                       : TEXCOORD0;
    DECLARE_LIGHTMAP_OR_SH(lightmapUV, vertexSH, 1);

#if defined(REQUIRES_WORLD_SPACE_POS_INTERPOLATOR)
    float3 positionWS               : TEXCOORD2;
#endif

    float3 normalWS                 : TEXCOORD3;
#ifdef _NORMALMAP
    float4 tangentWS                : TEXCOORD4;    // xyz: tangent, w: sign
#endif
    float3 viewDirWS                : TEXCOORD5;

    half4 fogFactorAndVertexLight   : TEXCOORD6;    // x: fogFactor, yzw: vertex light

#if defined(REQUIRES_VERTEX_SHADOW_COORD_INTERPOLATOR)
    float4 shadowCoord              : TEXCOORD7;
#endif

    float4 positionCS               : SV_POSITION;
    UNITY_VERTEX_INPUT_INSTANCE_ID
    UNITY_VERTEX_OUTPUT_STEREO
};
```

解析:

Varyings 结构体内部直接定义的变量有:

(1) uv:指纹理坐标。

(2) normalWS:指世界空间法线。

(3) viewDirWS:指世界空间视线方向。

(4) fogFactorAndVertexLight:指雾系数及顶点光照,其中 x 分量为雾系数,yzw 分量为顶点光照。

(5) positionCS：指齐次裁切空间顶点坐标。

光照贴图的纹理坐标是调用 DECLARE_LIGHTMAP_OR_SH() 定义的,该宏定义在 Lighting.hlsl 文件中被定义,宏定义需要传入光照贴图(Light Map)的名称、球谐光照的名称、纹理坐标的索引,代码如下：

```
#ifdef LIGHTMAP_ON
    #define DECLARE_LIGHTMAP_OR_SH(lmName, shName, index) float2 lmName : TEXCOORD##index
    #define OUTPUT_LIGHTMAP_UV(lightmapUV, lightmapScaleOffset, OUT) OUT.xy = lightmapUV.xy * lightmapScaleOffset.xy + lightmapScaleOffset.zw;
    #define OUTPUT_SH(normalWS, OUT)
#else
    #define DECLARE_LIGHTMAP_OR_SH(lmName, shName, index) half3 shName : TEXCOORD##index
    #define OUTPUT_LIGHTMAP_UV(lightmapUV, lightmapScaleOffset, OUT)
    #define OUTPUT_SH(normalWS, OUT) OUT.xyz = SampleSHVertex(normalWS)
#endif
```

代码一开始就进行了判断,当定义 LIGHTMAP_ON 时,也就是使用了光照贴图,DECLARE_LIGHTMAP_OR_SH() 宏定义表示的是声明光照贴图的纹理坐标。除此之外,还定义了用于计算光照贴图纹理坐标的 OUTPUT_LIGHTMAP_UV(),和一个空的 OUTPUT_SH() 宏定义。否则,也就是使用球谐光照,DECLARE_LIGHTMAP_OR_SH() 宏定义表示的是声明球谐光照贴图的纹理坐标,接下来定义的 OUTPUT_LIGHTMAP_UV() 变成空的宏定义,而 OUTPUT_SH() 宏定义则用于计算球谐光照。

回过头来继续讲解 Varyings 结构体,需要关键词判断的变量如下：

(1) 当定义了 REQUIRES_WORLD_SPACE_POS_INTERPOLATOR,也就是需要用到世界空间顶点位置的时候,才会定义 positionWS 变量。

(2) 当定义了 _NORMALMAP,也就是材质中使用了法线贴图,则定义世界空间切线 tangentWS,其中 xyz 分量为切线向量,w 分量为切线的方向。

(3) 当定义了 REQUIRES_VERTEX_SHADOW_COORD_INTERPOLATOR,也就是需要阴影坐标的时候,才会定义 shadowCoord 变量。

UNITY_VERTEX_INPUT_INSTANCE_ID 宏定义也是用于获取实例 ID,UNITY_VERTEX_OUTPUT_STEREO 是用于 VR 平台的宏定义。VR 视觉可以理解为两个眼睛各自对应一个摄像机,而这两个摄像机除了世界坐标有区别,其他完全一样,所以在 Unity 中使用一个摄像机传入两个变换矩阵,并通过调用一系列的宏定义进行计算。

细心的读者可能会发现,有些变量的名称后面含有 WS、CS 字样,例如 normalWS,这是 Unity 为了方便用户分辨不同变量所在的空间而设定的命名规范,在 Packages/Core RP Library/ShaderLibrary/Common.hlsl 文件中有详细地描述。表 4-1 将变量名称中用到的空间缩写进行了汇总。

表 4-1 变量名称中的空间缩写

空间缩写	说明
WS	World Space,世界空间
RWS	Camera-RelativeWorld Space,相对于摄像机的世界空间,在这个空间中,为了提高摄像机的精度,会将摄像机的平移减去
VS	View Space,视图空间
OS	Object Space,物体空间
CS	HomogenousClip Spaces,齐次裁切空间
TS	Tangent Space,切线空间
TXS	Texture Space,纹理空间

4.3 Common.hlsl

既然在第 4.2 节中已经提到了 Common.hlsl 文件中定制的空间命名规范,接下来不妨再详细讲解一下该文件中的其他内容,这有助于读者后续更快地阅读和理解 Shader 代码。

4.3.1 规范

Common.hlsl 文件的开头位置添加了相当多注释来说明各方面的规范,下面采用"原文+翻译"的方式将后续会用到的规范进行分块翻译。如果读者的英语阅读能力不错,建议打开文件阅读原文。

原文:

// Unity is Y up and left handed in world space.
// Caution: When going from world space to view space, unity is right handed in view space and the determinant of the matrix is negative.
// For cubemap capture (reflection probe) view space is still left handed (cubemap convention) and the determinant is positive.

翻译:

在 Unity 的世界空间中,Y 朝上并且使用左手坐标系。

注意:从世界空间变换到视图空间的同时也会转变为右手坐标系,因此变换矩阵的行列式是负的。

对于反射探针获取的 cubemap,按照常规习惯,查看空间依然使用左手坐标系,因此行列式是正的。

原文:

// The lighting code assume that 1 Unity unit (1uu) == 1 meters. This is very important regarding physically based light unit and inverse square attenuation.

翻译：

光照模型中默认按照 1 单位为 1 米进行计算，因此为了实现更逼真的渲染效果，一定要确保模型的尺寸比例是正确的。

原文：

```
// space at the end of the variable name:
// WS: world space.
// RWS: Camera - Relative world space. A space where the translation of the camera have already
been substract in order to improve precision.
// VS: view space.
// OS: object space.
// CS: Homogenous clip spaces.
// TS: tangent space.
// TXS: texture space.
// Example: NormalWS.
```

翻译：

变量名称后面的缩写表示的是所在空间名称：

WS 表示世界空间。

RWS 表示相对于摄像机的世界空间，在这个空间中，为了提高摄像机的精度，会将摄像机的平移减去。

VS 表示视图空间。

OS 表示物体空间。

CS 表示齐次裁切空间。

TS 表示切线空间。

TXS 表示纹理空间。

示例：NormalWS，表示世界空间法线向量。

原文：

```
// normalized / unormalized vector.
// normalized direction are almost everywhere, we tag unormalized vector with un.
// Example: unL for unormalized light vector.
```

翻译：

关于标准化/未标准化向量的规定。

所有可以直接使用的向量都已经标准化处理过了，除非使用 un 标记的向量。

示例：unL，表示未标准化的灯光向量。

原文：

```
// use capital letter for regular vector, vector are always pointing outward the current pixel
position (ready for lighting equation).
// capital letter mean the vector is normalize, unless we put 'un' in front of it.
```

```
// V: View vector (no eye vector).
// L: Light vector.
// N: Normal vector.
// H: Half vector.
```

翻译：
常用的向量用大写字母表示，向量总是从像素位置指向外边，并且可以直接用于光照计算。

大写字母表示向量已经被标准化，除非在前面加un。

V 表示视线方向。

L 表示灯光方向。

N 表示法线向量。

H 表示半角向量。

原文：

```
// Input/Outputs structs in PascalCase and prefixed by entry type.
// struct AttributesDefault.
// struct VaryingsDefault.
// use input/output as variable name when using these structures.
```

翻译：
顶点函数的输入/输出结构体使用帕斯卡命名，并且根据使用的程序添加对应的前缀，示例如下：

```
struct AttributesDefault       // 顶点函数输入结构体
struct VaryingsDefault         // 顶点函数输出结构体
```

当调用结构体的时候，以 input/output 命名。

原文：

```
// Entry program name:
// VertDefault
// FragDefault / FragForward / FragDeferred
```

翻译：
传入程序（顶点函数和片段函数）的名称如下：

VertDefault

FragDefault / FragForward / FragDeferred

原文：

```
// constant floating number written as 1.0 (not 1, not 1.0f, not 1.0h).
```

翻译：

浮点常数写作 1.0（不能是 1，1.0f，1.0h）。

原文：

// uniform have _ as prefix + uppercase _LowercaseThenCamelCase.

翻译：

uniform 变量使用下画线作为前缀，后面的首字母大写，例如_LowercaseThenCamelCase。

原文：

// Do not use "in", only "out" or "inout" as califier, no "inline" keyword either, useless.
// When declaring "out" argument of function, they are always last.

翻译：

禁止使用"in"，只能使用"out"和"inout"作为函数参数的修饰词，也不要使用"inline"关键词，因为这个关键词无效。

函数的"out"参数要放在最后声明。

原文：

// All uniforms should be in contant buffer (nothing in the global namespace).
// The reason is that for compute shader we need to guarantee that the layout of CBs is consistent across kernels. Something that we can't control with the global namespace (uniforms get optimized out if not used, modifying the global CBuffer layout per kernel).

翻译：

所有的 uniforms 变量都应该放在常数缓存区中（不能放到全局命名空间中）。

因为要保证 Compute Shader 的常数缓存区布局在内核中保持一致，有时候这是全局命名空间无法控制的（uniforms 在不被使用的时候会得到优化，因此每核都会调整全局常数缓存区的布局）。

原文

// The function of the shader library are stateless, no uniform declare in it.
// Any function that require an explicit precision, use float or half qualifier, when the function can support both, it use real (see below).
// If a function require to have both a half and a float version, then both need to be explicitly define.

翻译：

Shader library 中的函数是无状态的，声明的时候不需要使用 uniform。

函数如果需要显式地定义精度，可以使用 float 或者 half 修饰，当这两种精度都支持的时候，则使用 real 修饰。

如果一个函数同时会用到 half 和 float 版本，那么这两个版本都需要显式地定义。

4.3.2 函数

Common.hlsl 文件中还定义了很多函数,表 4-2 将一些常用的函数进行了汇总,其中部分函数会在接下来的代码中使用。

表 4-2 Common.hlsl 文件中的常用函数

函　数	说　明
realDegToRad(real deg)	传入角度,返回弧度
realRadToDeg(real rad)	传入弧度,返回角度
float Length2(float3 v)	传入三维向量,返回向量长度的平方
real3SafeNormalize(float3 inVec)	传入三维向量,返回标准化的三维向量。与 Normalize()函数不同的是:本函数会兼容长度为 0 的向量
realSafeDiv(real numer, real denom)	传入两个数值,返回相除之后的商。与直接进行除法运算不同的是:当两个数值同时为无穷大或者 0 时,函数返回 1

4.4 输入数据初始化函数

InitializeInputData()函数用于初始化 InputData 结构体中的变量,函数需要传入 Varyings 结构体和切线空间法线,然后输出 InputData 结构体,该结构体在 Packages/Universal RP/ShaderLibrary/Input.hlsl 文件中定义。

4.4.1 Input.hlsl

下面打开 Input.hlsl 文件,查看 InputData 结构体中都定义了哪些变量,代码如下:

```
struct InputData
{
    float3 positionWS;          // 世界空间顶点位置
    half3 normalWS;             // 世界空间法线
    half3 viewDirectionWS;      // 世界空间视线方向
    float4 shadowCoord;         // 阴影坐标
    half fogCoord;              // 雾坐标
    half3 vertexLighting;       // 顶点光照
    half3 bakedGI;              // 全局光照
};
```

既然已经打开了 Input.hlsl 文件,不妨继续看看里边还有什么可以被利用的信息。表 4-3 中将一些后期会被用到的变量进行了汇总。

表 4-3　Input.hlsl 文件中定义的变量

变量名称	说　　明
half4 _GlossyEnvironmentColor	环境的反射颜色
half4 _SubtractiveShadowColor	阴影的颜色
float4 _MainLightPosition	主光源的位置
half4 _MainLightColor	主光源的颜色

除此之外，文件中还定义了很多关于变换矩阵的宏，代码如下：

```
#define UNITY_MATRIX_M          unity_ObjectToWorld
#define UNITY_MATRIX_I_M        unity_WorldToObject
#define UNITY_MATRIX_V          unity_MatrixV
#define UNITY_MATRIX_I_V        unity_MatrixInvV
#define UNITY_MATRIX_P          OptimizeProjectionMatrix(glstate_matrix_projection)
#define UNITY_MATRIX_I_P        ERROR_UNITY_MATRIX_I_P_IS_NOT_DEFINED
#define UNITY_MATRIX_VP         unity_MatrixVP
#define UNITY_MATRIX_I_VP       unity_MatrixInvVP
#define UNITY_MATRIX_MV         mul(UNITY_MATRIX_V, UNITY_MATRIX_M)
#define UNITY_MATRIX_T_MV       transpose(UNITY_MATRIX_MV)
#define UNITY_MATRIX_IT_MV      transpose(mul(UNITY_MATRIX_I_M, UNITY_MATRIX_I_V))
#define UNITY_MATRIX_MVP        mul(UNITY_MATRIX_VP, UNITY_MATRIX_M)
```

4.4.2　初始化函数第 1 部分

InitializeInputData() 函数的第 1 部分代码如下：

```
void InitializeInputData(Varyings input, half3 normalTS, out InputData inputData)
{
    inputData = (InputData)0;

    #if defined(REQUIRES_WORLD_SPACE_POS_INTERPOLATOR)
        inputData.positionWS = input.positionWS;
    #endif
```

解析：

输出结构体 InputData 在使用之前需要先初始化，语法结构为：

名称 =（类型）0

接下来进行判断，如果需要用到世界空间顶点位置，则将 Varyings 结构体中的 positionWS 变量保存到 InputData 中。

```
    half3 viewDirWS = SafeNormalize(input.viewDirWS);
    #ifdef _NORMALMAP
        float sgn = input.tangentWS.w;      // should be either +1 or -1
        float3 bitangent = sgn * cross(input.normalWS.xyz, input.tangentWS.xyz);
        inputData.normalWS = TransformTangentToWorld(normalTS, half3x3(input.tangentWS.xyz,
```

```
        bitangent.xyz, input.normalWS.xyz));
#else
    inputData.normalWS = input.normalWS;
#endif

inputData.normalWS = NormalizeNormalPerPixel(inputData.normalWS);
inputData.viewDirectionWS = viewDirWS;
```

解析：

调用 SafeNormalize() 函数将 Varyings 结构体中的 viewDirWS 变量标准化之后得到 viewDirWS 变量，并在隔了几行代码之后将其保存到 InputData 中（难以理解 Unity 人员的编码习惯）。然后判断 _NORMALMAP 关键词，该判断与 Varyings 结构体中定义 tangentWS 变量时进行的判断相对应。

当材质中使用了法线纹理，将 tangentWS 的 w 分量赋值到 sgn 变量，w 的值表示切线方向，只能是 1 或 -1。将世界法线与世界切线叉乘，再乘上 sgn 就可以得到次切线 bitangent。

调用函数 TransformTangentToWorld() 将 normalTS 从切线空间变换到世界空间，该函数在 Packages/Core RP Library/ShaderLibrary/SpaceTransforms.hlsl 文件中定义，需要传入切线空间到世界空间的 3 阶变换矩阵，tangentWS、bitangent 和 normalWS 这三个向量（也就是经常提到的 TBN）构成了变换矩阵，变换之后的结果保存为 InputData 结构体的 normalWS 变量中。

如果材质中没有使用法线纹理，则将 Varyings 结构体中的 normalWS 变量保存到 InputData 中。

最后再调用 NormalizeNormalPerPixel() 函数将 normalWS 变量标准化，该函数在 Core.hlsl 文件中定义，相关代码如下：

```
// A word on normalization of normals:
// For better quality normals should be normalized before and after
// interpolation.
// 1) In vertex, skinning or blend shapes might vary significantly the lenght of normal.
// 2) In fragment, because even outputting unit-length normals interpolation can make it non-unit.
// 3) In fragment when using normal map, because mikktspace sets up non orthonormal basis.
// However we will try to balance performance vs quality here as also let users configure that as
// shader quality tiers.
// Low Quality Tier: Normalize either per-vertex or per-pixel depending if normalmap is sampled.
// Medium Quality Tier: Always normalize per-vertex. Normalize per-pixel only if using normal map
// High Quality Tier: Normalize in both vertex and pixel shaders.
real3 NormalizeNormalPerVertex(real3 normalWS)
{
    #if defined(SHADER_QUALITY_LOW) && defined(_NORMALMAP)
        return normalWS;
```

```
    #else
        return normalize(normalWS);
    #endif
}

real3 NormalizeNormalPerPixel(real3 normalWS)
{
    #if defined(SHADER_QUALITY_HIGH) || defined(_NORMALMAP)
        return normalize(normalWS);
    #else
        return normalWS;
    #endif
}
```

解析：

为了得到更好的质量，法线在插值运算前、后都应该标准化，函数在定义之前有很长一段关于法线标准化的注释说明，大致意思为如下：

（1）在顶点着色器中，蒙皮动画和混合动画会严重改变法线的长度。

（2）在片段着色器中，标准化的法线插值之后会导致非标准化。如果使用了法线纹理，mikktspace 设定的非正交基也会使法线非标准化。

考虑到性能与质量之间的平衡，Unity 通过 Shader Quality 对其进行控制，规则如下：

（1）Low Quality：根据是否使用法线贴图，决定是在顶点着色器还是片段着色器中标准化法线。如果没有使用，在顶点着色器中标准化；否则，在片段着色器中标准化。

（2）Medium Quality：在顶点着色器中标准化，如果使用了法线纹理，则在片段着色器中也标准化。

（3）High Quality：在顶点着色器和片段着色器中都标准化法线向量。

接下来定义了顶点着色器中的标准化函数 NormalizeNormalPerVertex() 和片段着色器中的标准化函数 NormalizeNormalPerPixel()，并且这两个函数也完全按照上述规则定义的。

4.4.3　SpaceTransforms.hlsl

继续讲解之前先查看一遍 SpaceTransforms.hlsl 文件中的代码，里边包含了所有与空间变换相关的函数，表 4-4 将获取空间变换矩阵的函数进行汇总。

表 4-4　SpaceTransforms.hlsl 文件中获取空间变换矩阵的函数

函　　数	说　　明
float4x4 GetObjectToWorldMatrix()	获取到模型空间到世界空间的变换矩阵
float4x4 GetWorldToObjectMatrix()	获取到世界空间到模型空间的变换矩阵
float4x4 GetWorldToViewMatrix()	获取到世界空间到视图空间的变换矩阵
float4x4 GetWorldToHClipMatrix()	获取到世界空间到齐次裁切空间的变换矩阵
float4x4 GetViewToHClipMatrix()	获取到视图空间到齐次裁切空间的变换矩阵

表 4-5 将 SpaceTransforms.hlsl 文件中的顶点变换函数进行汇总。

表 4-5 SpaceTransforms.hlsl 文件中的顶点变换函数

函　数	说　明
float3 TransformObjectToWorld(float3 positionOS)	将顶点从模型空间变换到世界空间
float3 TransformWorldToObject(float3 positionWS)	将顶点从世界空间变换到模型空间
float3 TransformWorldToView(float3 positionWS)	将顶点从世界空间变换到视图空间
float4 TransformObjectToHClip(float3 positionOS)	将顶点从模型空间变换到齐次裁切空间
float4 TransformWorldToHClip(float3 positionWS)	将顶点从世界空间变换到齐次裁切空间
float4 TransformWViewToHClip(float3 positionVS)	将顶点从视图空间变换到齐次裁切空间

表 4-6 将 SpaceTransforms.hlsl 文件中的向量变换函数进行汇总。

4-6 SpaceTransforms.hlsl 文件中的向量变换函数

函　数	说　明
float3 TransformObjectToWorldDir(float3 dirOS, bool doNormalize = true)	将向量从模型空间变换到世界空间，传入的第二个参数用于确定是否将向量标准化
float3 TransformWorldToObjectDir(float3 dirWS, bool doNormalize = true)	将向量从世界空间变换到模型空间，传入的第二个参数用于确定是否将向量标准化
real3 TransformWorldToViewDir(real3 dirWS, bool doNormalize = false)	将向量从世界空间变换到视图空间，传入的第二个项链用于确定是否将向量标准化
real3 TransformWorldToHClipDir(real3 directionWS, bool doNormalize = false)	将向量从世界空间变换到齐次裁切空间，传入的第二个参数用于确定是否将向量标准化
float3 TransformObjectToWorldNormal(float3 normalOS, bool doNormalize = true)	将法线从模型空间变换到世界空间，传入的第二个变量用于确定是否将法线标准化
float3 TransformWorldToObjectNormal(float3 normalWS, bool doNormalize = true)	将法线从世界空间变换到模型空间，传入的第二个变量用于确定是否将法线标准化
real3 x3CreateTangentToWorld(real3 normal, real3 tangent, real flipSign)	传入法线、切线、方向符号，返回从切线空间到世界空间的 3 阶变换矩阵
real3 TransformTangentToWorld(real3 dirTS, real3x3 tangentToWorld)	使用 tangentToWorld 矩阵将向量从切线空间变换到世界空间
real3 TransformWorldToTangent(real3 dirWS, real3x3 tangentToWorld)	使用 tangentToWorld 矩阵将向量从世界空间变换到切线空间
real3 TransformTangentToObject(real3 dirTS, real3x3 tangentToWorld)	使用 tangentToWorld 矩阵将向量从切线空间变换到模型空间
real3 TransformObjectToTangent(real3 dirOS, real3x3 tangentToWorld)	使用 tangentToWorld 矩阵将向量从模型空间变换到切线空间

4.4.4　初始化函数第 2 部分

下面继续讲解 InitializeInputData()函数，第二部分代码如下：

```
#if defined(REQUIRES_VERTEX_SHADOW_COORD_INTERPOLATOR)
    inputData.shadowCoord = input.shadowCoord;
#elif defined(MAIN_LIGHT_CALCULATE_SHADOWS)
    inputData.shadowCoord = TransformWorldToShadowCoord(inputData.positionWS);
#else
    inputData.shadowCoord = float4(0, 0, 0, 0);
#endif
```

解析：

代码中又是一系列判断：

当定义 REQUIRES_VERTEX_SHADOW_COORD_INTERPOLATOR（这与 Varyings 结构体中定义 shadowCoord 变量时的判断相对应）的，也就是说需要用到顶点的阴影坐标，则将 Varyings 结构体中的 shadowCoord 变量保存到 InputData 结构体中。

如果定义 MAIN_LIGHT_CALCULATE_SHADOWS 时，也就是说主光开启了计算阴影，调用 TransformWorldToShadowCoord() 函数，传入世界空间顶点位置得到阴影坐标，并将结果保存到 InputData 结构体中。该函数在 Packages/Universal RP/ShaderLibrary/Shadows.hlsl 文件中定义，代码如下：

```
float4 TransformWorldToShadowCoord(float3 positionWS)
{
#ifdef _MAIN_LIGHT_SHADOWS_CASCADE
    half cascadeIndex = ComputeCascadeIndex(positionWS);
#else
    half cascadeIndex = 0;
#endif

    return mul(_MainLightWorldToShadow[cascadeIndex], float4(positionWS, 1.0));
}
```

函数中进行了如下判断：

如果开启了阴影级联（Shadow Cascades）选项，则调用 ComputeCascadeIndex() 函数获取到当前级联的索引，该函数也是在 /Shadows.hlsl 文件中定义的，如果读者感兴趣，可以打开文件阅读代码。

如果没有开启阴影级联，则将级联的索引设置为 0。最后，通过索引从 _MainLightWorldToShadow[] 数组中获取到对应的空间变换矩阵，与传入的世界空间坐标相乘，从而将其变换为阴影坐标。

回过头来继续讲解初始化函数，如果既不需要顶点的阴影坐标，主光也没有开启阴影计算，则将 InputData 结构体中的 shadowCoord 变量填充为 (0，0，0，0)。

```
inputData.fogCoord = input.fogFactorAndVertexLight.x;
inputData.vertexLighting = input.fogFactorAndVertexLight.yzw;
inputData.bakedGI = SAMPLE_GI(input.lightmapUV, input.vertexSH, inputData.normalWS);
```

解析：

接下来继续填充结构体中的变量，将 Varyings 结构体 fogFactorAndVertexLight 变量的 x 分量（保存了 fogFactor）和 yzw 分量（保存了顶点光照）分别保存到 InputData 结构体的 fogCoord 和 vertexLighting 变量中。调用 SAMPLE_GI( ) 宏定义得到全局光照并保存到 InputData 结构体中。该宏定义在 Lighting.hlsl 文件中定义，代码如下：

```
#ifdef UNITY_DOTS_SHADER
    half3 HackSampleSH(half3 normalWS)
    {
        // Hack SH so that is is valid for hybrid V1
        real4 SHCoefficients[7];
        SHCoefficients[0] = float4(-0.02611f, -0.11903f, -0.02472f, 0.55319f);
        SHCoefficients[1] = float4(-0.04123, 0.0369, -0.03903, 0.62641);
        SHCoefficients[2] = float4(-0.06967, 0.23016, -0.06596, 0.81901);
        SHCoefficients[3] = float4(-0.02041, -0.01933, 0.07292, 0.05023);
        SHCoefficients[4] = float4(-0.03278, -0.03104, 0.0992, 0.07219);
        SHCoefficients[5] = float4(-0.05806, -0.05496, 0.10764, 0.09859);
        SHCoefficients[6] = float4(0.07564, 0.10311, 0.11301, 1.00);
        return max(half3(0, 0, 0), SampleSH9(SHCoefficients, normalWS));
    }
    #define SAMPLE_GI(lmName, shName, normalWSName) HackSampleSH(normalWSName);
#elif defined(LIGHTMAP_ON)
    #define SAMPLE_GI(lmName, shName, normalWSName) SampleLightmap(lmName, normalWSName)
#else
    #define SAMPLE_GI(lmName, shName, normalWSName) SampleSHPixel(shName, normalWSName)
#endif
```

解析：

如果定义了 UNITY_DOTS_SHADER，也就是说使用了简化版的 Shader，则定义一个 HackSampleSH( ) 函数用来近似模拟球谐函数，然后定义 SAMPLE_GI( ) 宏用来调用这个函数。

如果定义了 LIGHTMAP_ON，也就是说使用了光照贴图，SAMPLE_GI( ) 宏定义实际上调用的是 SampleLightmap( ) 函数用于采样光照贴图。

否则，SAMPLE_GI( ) 宏定义实际上调用的是 SampleSHPixel( ) 用于计算球谐效果。SampleLightmap( ) 函数和 SampleSHPixel( ) 函数同样也是在 Lighting.hlsl 文件中定义的，如果读者感兴趣，可以自行查阅代码。

4.5　顶点函数

顶点函数需要传入 Attributes 结构体，然后输出 Varyings 结构体。函数中的代码比较多，下面根据功能划分为不同分部分进行讲解。

4.5.1　顶点函数第 1 部分

LitForward Pass 的顶点函数为 LitPassVertex()，第 1 部分代码如下：

```
Varyings LitPassVertex(Attributes input)
{
    Varyings output = (Varyings)0;

    UNITY_SETUP_INSTANCE_ID(input);
    UNITY_TRANSFER_INSTANCE_ID(input, output);
    UNITY_INITIALIZE_VERTEX_OUTPUT_STEREO(output);
```

解析：

函数中在声明输出结构体 Varyings 的时候同样需要初始化。

接下来调用 UNITY_SETUP_INSTANCE_ID() 宏定义使顶点着色器可以获取到 GPU 实例的 ID，然后调用 UNITY_TRANSFER_INSTANCE_ID() 宏定义将实例的 ID 从输入结构体传递到输出结构体。最后的 UNITY_INITIALIZE_VERTEX_OUTPUT_STEREO() 宏定义是针对于 VR 平台进行的顶点操作。

4.5.2　顶点函数第 2 部分

LitPassVertex() 函数的第 2 部分代码如下：

```
VertexPositionInputs vertexInput = GetVertexPositionInputs(input.positionOS.xyz);

// normalWS and tangentWS already normalize.
// this is required to avoid skewing the direction during interpolation
// also required for per-vertex lighting and SH evaluation
VertexNormalInputs normalInput = GetVertexNormalInputs(input.normalOS, input.tangentOS);
```

解析：

这两行代码声明了 VertexPositionInputs 和 VertexNormalInputs 两个结构体，然后分别调用 GetVertexPositionInputs() 函数和 GetVertexNormalInputs() 函数将其初始化。这两个结构体以及初始化函数都是在 Core.hlsl 文件中定义的，目的是传入一个所需的变量，得到与其相关的所有变量，以方便用户在编写代码过程中可以直接调用这些变量，结构体及函数的定义代码如下：

```
struct VertexPositionInputs
{
    float3 positionWS;      // 世界空间坐标
    float3 positionVS;      // 视图空间坐标
    float4 positionCS;      // 齐次裁切空间坐标
    float4 positionNDC;     // 齐次标准化设备坐标
};
```

```
VertexPositionInputs GetVertexPositionInputs(float3 positionOS)
{
    VertexPositionInputs input;
    input.positionWS = TransformObjectToWorld(positionOS);
    input.positionVS = TransformWorldToView(input.positionWS);
    input.positionCS = TransformWorldToHClip(input.positionWS);

    float4 ndc = input.positionCS * 0.5f;
    input.positionNDC.xy = float2(ndc.x, ndc.y * _ProjectionParams.x) + ndc.w;
    input.positionNDC.zw = input.positionCS.zw;

    return input;
}
```

VertexPositionInputs 结构体中定义的变量有：世界空间坐标、视图空间坐标、齐次裁切空间坐标和标准化设备空间坐标。

GetVertexPositionInputs()函数需要传入模型空间坐标，函数中调用一系列的空间变换函数将顶点坐标分别变换到世界空间、视图空间和齐次裁切空间，然后保存到 VertexPositionInputs 结构体中。而齐次标准化设备坐标是将齐次裁切空间坐标经过一系列运算之后得到的。

```
struct VertexNormalInputs
{
    real3 tangentWS;        // 世界空间切线
    real3 bitangentWS;      // 世界空间次切线
    float3 normalWS;        // 世界空间法线
};

VertexNormalInputs GetVertexNormalInputs(float3 normalOS)
{
    VertexNormalInputs tbn;
    tbn.tangentWS = real3(1.0, 0.0, 0.0);
    tbn.bitangentWS = real3(0.0, 1.0, 0.0);
    tbn.normalWS = TransformObjectToWorldNormal(normalOS);
    return tbn;
}

VertexNormalInputs GetVertexNormalInputs(float3 normalOS, float4 tangentOS)
{
    VertexNormalInputs tbn;

    // mikkts space compliant. only normalize when extracting normal at frag.
    real sign = tangentOS.w * GetOddNegativeScale();
    tbn.normalWS = TransformObjectToWorldNormal(normalOS);
    tbn.tangentWS = TransformObjectToWorldDir(tangentOS.xyz);
    tbn.bitangentWS = cross(tbn.normalWS, tbn.tangentWS) * sign;
```

```
    return tbn;
}
```

VertexNormalInputs 结构体中定义的变量有：世界空间切线向量、世界空间次切线向量和世界空间法线向量。

Unity 定义了两个 GetVertexNormalInputs() 函数，实现了函数重载，调用的时候会根据传入参数的不同而执行以下不同的操作。

如果函数只传入了模型空间法线这一个参数，函数会将其变换到世界空间并保存到 VertexNormalInputs 结构体中，然后将结构体中的 tangentWS 变量填充为 (1.0, 0.0, 0.0)，将 bitangentWS 变量填充为 (0.0, 1.0, 0.0)。

如果函数传入模型空间法线和模型空间切线两个参数，函数会将这两个参数变换到世界空间中，并保存到 VertexNormalInputs 结构体中，然后将世界空间法线和世界空间切线叉乘得到世界空间次切线，并保存到 VertexNormalInputs 结构体中。

4.5.3　顶点函数第 3 部分

LitPassVertex() 函数的第 3 部分代码如下：

```
float3 viewDirWS = GetCameraPositionWS() - vertexInput.positionWS;
```

解析：

VertexPositionInputs 和 VertexNormalInputs 结构体初始化后，接下来就可以直接调用结构体中定义的变量。

调用 GetCameraPositionWS() 函数获取摄像机在世界空间中的位置，然后减去世界空间顶点位置就可以得到世界空间视线方向 viewDirWS，该函数是在 Core.hlsl 文件中定义的，代码如下：

```
float3 GetCameraPositionWS()
{
    return _WorldSpaceCameraPos;
}
```

可以看出，函数其实直接返回了 _WorldSpaceCameraPos 变量，也就是说这个变量就是摄像机在世界空间中的位置变量。

```
half3 vertexLight = VertexLighting(vertexInput.positionWS, normalInput.normalWS);
```

解析：

调用 VertexLighting() 函数计算顶点光照得到 vertexLight 变量，该函数是在 Lighting.hlsl 文件中定义的，代码如下：

```
half3 VertexLighting(float3 positionWS, half3 normalWS)
{
    half3 vertexLightColor = half3(0.0, 0.0, 0.0);
```

```
    #ifdef _ADDITIONAL_LIGHTS_VERTEX
        uint lightsCount = GetAdditionalLightsCount();
        for (uint lightIndex = 0u; lightIndex < lightsCount; ++lightIndex)
        {
            Light light = GetAdditionalLight(lightIndex, positionWS);
            half3 lightColor = light.color * light.distanceAttenuation;
            vertexLightColor += LightingLambert(lightColor, light.direction, normalWS);
        }
    #endif

        return vertexLightColor;
}
```

函数需要传入世界空间位置和世界空间法线,函数中声明了一个三维变量 vertexLightColor 并初始化为黑色,然后进行判断。

当定义了 _ADDITIONAL_LIGHTS_VERTEX,也就是说开启额外灯光并将其设置为逐顶点光照,调用 GetAdditionalLightsCount() 函数获取到所有额外灯光的数量,然后使用 for 循环遍历所有灯光并将灯光的颜色累加到 vertexLightColor。

否则,vertexLightColor 变量继续保持为黑色。

```
half fogFactor = ComputeFogFactor(vertexInput.positionCS.z);
```

解析:

接下来调用 ComputeFogFactor() 函数得到 fogFactor,该函数是在 Core.hlsl 文件中定义的,代码如下:

```
real ComputeFogFactor(float z)
{
    float clipZ_01 = UNITY_Z_0_FAR_FROM_CLIPSPACE(z);

    #if defined(FOG_LINEAR)
        // factor = (end-z)/(end-start) = z * (-1/(end-start)) + (end/(end-start))
        float fogFactor = saturate(clipZ_01 * unity_FogParams.z + unity_FogParams.w);
        return real(fogFactor);
    #elif defined(FOG_EXP) || defined(FOG_EXP2)
        // factor = exp(-(density*z)^2)
        // -density * z computed at vertex
        return real(unity_FogParams.x * clipZ_01);
    #else
        return 0.0h;
    #endif
}
```

函数需要传入深度值 z 变量,函数中调用 UNITY_Z_0_FAR_FROM_CLIPSPACE() 宏定义处理深度值得到 clipZ_01 变量,该宏定义也是在 Core.hlsl 文件中定义的,代码如下:

```
#if UNITY_REVERSED_Z
    #if SHADER_API_OPENGL || SHADER_API_GLES || SHADER_API_GLES3
        //GL with reversed z => z clip range is [near, -far] -> should remap in theory but
dont do it in practice to save some perf (range is close enough)
        #define UNITY_Z_0_FAR_FROM_CLIPSPACE(coord) max(-(coord), 0)
    #else
        //D3d with reversed Z => z clip range is [near, 0] -> remapping to [0, far]
        //max is required to protect ourselves from near plane not being correct/meaningfull in
case of oblique matrices.
        #define UNITY_Z_0_FAR_FROM_CLIPSPACE(coord) max(((1.0-(coord)/_ProjectionParams.
y) * _ProjectionParams.z),0)
    #endif
#elif UNITY_UV_STARTS_AT_TOP
    //D3d without reversed z => z clip range is [0, far] -> nothing to do
    #define UNITY_Z_0_FAR_FROM_CLIPSPACE(coord) (coord)
#else
    //Opengl => z clip range is [-near, far] -> should remap in theory but dont do it in
practice to save some perf (range is close enough)
    #define UNITY_Z_0_FAR_FROM_CLIPSPACE(coord) (coord)
#endif
```

由于 OpenGL 与 Direct3D 保存深度值的范围不同，因此使用 UNITY_Z_0_FAR_FROM_CLIPSPACE() 宏定义针对不同平台重新映射深度值的范围。

回过头来继续讲 ComputeFogFactor() 函数中的代码，接下来进行判断，当使用的是线性雾或指数雾效，则按照注释中对应的算法计算 fogFactor 并返回；如果都不是，则返回 0。

4.5.4 顶点函数第 4 部分

LitPassVertex() 函数的第 4 部分代码如下：

```
output.uv = TRANSFORM_TEX(input.texcoord, _BaseMap);

// already normalized from normal transform to WS.
output.normalWS = normalInput.normalWS;
output.viewDirWS = viewDirWS;
#ifdef _NORMALMAP
    real sign = input.tangentOS.w * GetOddNegativeScale();
    output.tangentWS = half4(normalInput.tangentWS.xyz, sign);
#endif

OUTPUT_LIGHTMAP_UV(input.lightmapUV, unity_LightmapST, output.lightmapUV);
OUTPUT_SH(output.normalWS.xyz, output.vertexSH);

output.fogFactorAndVertexLight = half4(fogFactor, vertexLight);
```

解析：

使用 TRANSFORM_TEX() 宏定义得到纹理坐标并保存到 Varyings 结构体中，该宏定义在 Packages/Core RP Library/ShaderLibrary/Macros.hlsl 文件中定义，计算方法与传统渲染流水线一致，这里就不再赘述了。

接下来将 VertexNormalInputs 结构体中的世界空间法线和第 4.5.3 节中得到的世界空间视线方向保存到 Varyings 结构体中，然后进行判断：当材质中使用了法线贴图，将表示切线方向的 w 分量保存到世界空间切线中，保存到 Varyings 结构体中。

使用 OUTPUT_LIGHTMAP_UV() 和 OUTPUT_SH() 宏定义分别得到光照贴图纹理坐标 lightmapUV 和顶点球谐光照，关于这两个宏定义的知识点已经在第 4.2.2 节中做过详细讲解，这里也不再赘述了。

然后将 4.5.3 节第 3 部分代码中得到的 fogFactor 和 vertexLight 分别作为 x 分量和 yzw 分量，保存到 Varyings 结构体中的 fogFactorAndVertexLight 变量中。

```
#if defined(REQUIRES_WORLD_SPACE_POS_INTERPOLATOR)
    output.positionWS = vertexInput.positionWS;
#endif

#if defined(REQUIRES_VERTEX_SHADOW_COORD_INTERPOLATOR)
    output.shadowCoord = GetShadowCoord(vertexInput);
#endif

output.positionCS = vertexInput.positionCS;

return output;
}
```

解析：

连续进行两个判断：如果需要世界空间顶点坐标，则将 VertexPositionInputs 结构体中是世界空间坐标保存到 Varyings 结构体中；如果需要阴影坐标，则调用 GetShadowCoord() 函数得到阴影坐标并保存到 Varyings 结构体中，该函数在 Packages/Universal RP/ShaderLibrary/Shadows.hlsl 文件中定义，代码如下：

```
float4 GetShadowCoord(VertexPositionInputs vertexInput)
{
    return TransformWorldToShadowCoord(vertexInput.positionWS);
}
```

函数需要传入 VertexPositionInputs 结构体，而函数内部其实是套用了 TransformWorldToShadowCoord() 函数将世界坐标变换为阴影坐标的，关于该函数本书已经在第 4.4.4 节中做过详细讲解，请自行回顾。

最后，将 VertexPositionInputs 结构体中的齐次裁切空间坐标保存到 Varyings 结构体中。此时，Varyings 结构体中的所有变量已经全部填充完，顶点着色器的工作完成。

4.6 片段函数

下面开始讲解 ForwardLit Pass 的最后部分——片段着色器函数。第 3.3 节定义的 SurfaceData 结构体和第 4.4 节定义的 InputData 结构体及其各自的初始化函数就是在这里使用的。代码如下：

```
// Used in Standard (Physically Based) shader
half4 LitPassFragment(Varyings input) : SV_Target
{
    UNITY_SETUP_INSTANCE_ID(input);
    UNITY_SETUP_STEREO_EYE_INDEX_POST_VERTEX(input);

    SurfaceData surfaceData;
    InitializeStandardLitSurfaceData(input.uv, surfaceData);

    InputData inputData;
    InitializeInputData(input, surfaceData.normalTS, inputData);
```

解析：

片段函数中获取到实例 ID 的方法与顶点着色器函数一致，也是使用 UNITY_SETUP_INSTANCE_ID() 宏定义实现的。UNITY_SETUP_STEREO_EYE_INDEX_POST_VERTEX() 宏定义同样也是用于 VR 平台。

接下来，函数中先声明了一个 SurfaceData 结构体，并调用 InitializeStandardLitSurfaceData() 函数将其初始化，该函数是在 LitInput.hlsl 文件中定义的，本书在第 3.4 节中已经做过详细讲解。

接下来函数中又声明了一个 InputData 结构体，并调用 InitializeInputData() 函数将其初始化。该函数就是在本文件（LitForwardPass.hlsl）中定义的，本书在第 4.4 节中也已经做过了详细讲解。

```
    half4 color = UniversalFragmentPBR(inputData, surfaceData.albedo, surfaceData.metallic,
    surfaceData.specular, surfaceData.smoothness, surfaceData.occlusion, surfaceData.emission,
    surfaceData.alpha);
```

解析：

SurfaceData 结构体和 InputData 结构体的最终目的就是为了传入 UniversalFragmentPBR() 函数中，之前所有的工作都是在为这个函数作准备。由于需要兼容 LWRP（Lightweight Render Pipeline），SurfaceData 结构体并不是直接传入到该函数中，而是需要按照顺序将结构体中的变量依次传入，用户在编写 shader 的时候一定要注意传入参数的顺序。该函数是在 Lighting.hlsl 文件中定义的，代码如下：

```
half4 UniversalFragmentPBR(InputData inputData, half3 albedo, half metallic, half3 specular,
    half smoothness, half occlusion, half3 emission, half alpha)
```

```
{
    BRDFData brdfData;
    InitializeBRDFData(albedo, metallic, specular, smoothness, alpha, brdfData);

    Light mainLight = GetMainLight(inputData.shadowCoord);
    MixRealtimeAndBakedGI(mainLight, inputData.normalWS, inputData.bakedGI, half4(0, 0, 0, 0));

    half3 color = GlobalIllumination(brdfData, inputData.bakedGI, occlusion, inputData.normalWS, inputData.viewDirectionWS);
    color += LightingPhysicallyBased(brdfData, mainLight, inputData.normalWS, inputData.viewDirectionWS);

#ifdef _ADDITIONAL_LIGHTS
    uint pixelLightCount = GetAdditionalLightsCount();
    for (uint lightIndex = 0u; lightIndex < pixelLightCount; ++lightIndex)
    {
        Light light = GetAdditionalLight(lightIndex, inputData.positionWS);
        color += LightingPhysicallyBased(brdfData, light, inputData.normalWS, inputData.viewDirectionWS);
    }
#endif

#ifdef _ADDITIONAL_LIGHTS_VERTEX
    color += inputData.vertexLighting * brdfData.diffuse;
#endif

    color += emission;
    return half4(color, alpha);
}
```

函数中声明了一个 BRDFData 结构体,并调用 InitializeBRDFData() 函数将其初始化。接下来做以下计算:

(1) 调用 GetMainLight() 函数得到主光的光照 mainLight;

(2) 调用 MixRealtimeAndBakedGI() 函数得到实时光照和光照贴图中的光照,并加到 mainLight 中;

(3) 调用 GlobalIllumination() 函数得到全局光照 color;

(4) 调用 LightingPhysicallyBased() 函数得到基于物理的光照,并加到 color 中。

接下来函数中进行了两次判断:

如果开启 Addition Light,则使用 for 循环遍历所有 Addition Light,并将光照加到 color 上;如果定义了 Addition 顶点光照,则将顶点光照加到 color 上。

最后将自发光加在 color 上,并与 alpha 组成四维向量返回。

UniversalFragmentPBR() 函数内部调用的所有函数都是在 Lighting.hlsl 文件中定义了,感兴趣的读者可以自行查阅。

```
color.rgb = MixFog(color.rgb, inputData.fogCoord);
```

解析:

计算完所有光照之后,将计算结果传入到 MixFog() 函数中得到与雾效混合之后的效果,并保存到 color 变量的 rgb 分量。该函数是在 Core.hlsl 文件中定义的,代码如下:

```
half3 MixFog(real3 fragColor, real fogFactor)
{
    return MixFogColor(fragColor, unity_FogColor.rgb, fogFactor);
}
```

函数需要传入计算完光照之后的颜色和 Fog Factor,函数内部实际上调用的是 MixFogColor() 函数,这个函数也是在 Core.hlsl 文件中定义的,代码如下:

```
half3 MixFogColor(real3 fragColor, real3 fogColor, real fogFactor)
{
    #if defined(FOG_LINEAR) || defined(FOG_EXP) || defined(FOG_EXP2)
        real fogIntensity = ComputeFogIntensity(fogFactor);
        fragColor = lerp(fogColor, fragColor, fogIntensity);
    #endif
    return fragColor;
}
```

MixFogColor() 函数实现的功能是将渲染颜色与三种类型的雾效进行混合,函数中进行判断,如果启用了任意类型的雾效,则调用 ComputeFogIntensity() 函数得到雾效强度 fogIntensity 变量,并使用 lerp() 函数将雾效颜色与渲染颜色进行插值运算;如果没有开启雾效,则直接返回渲染颜色。

ComputeFogIntensity() 函数同样也是在 Core.hlsl 文件中定义的,代码如下:

```
real ComputeFogIntensity(real fogFactor)
{
    real fogIntensity = 0.0h;
    #if defined(FOG_LINEAR) || defined(FOG_EXP) || defined(FOG_EXP2)
        #if defined(FOG_EXP)
            // factor = exp(-density*z)
            // fogFactor = density*z compute at vertex
            fogIntensity = saturate(exp2(-fogFactor));
        #elif defined(FOG_EXP2)
            // factor = exp(-(density*z)^2)
            // fogFactor = density*z compute at vertex
            fogIntensity = saturate(exp2(-fogFactor * fogFactor));
        #elif defined(FOG_LINEAR)
            fogIntensity = fogFactor;
        #endif
    #endif
    return fogIntensity;
}
```

ComputeFogIntensity()函数的主要功能是计算不同类型雾效的强度,函数需要传入Fog Factor。在函数中,判断当前场景中雾效的类型,并按照注释中的算法,计算出 EXP 类型、EXP2 类型或 Linear 类型雾效的强度,并返回。

```
    color.a = OutputAlpha(color.a);

    return color;
}
```

解析:

最后调用 OutputAlpha()函数计算透明度,并将结果保存到 color 的 a 分量。该函数也是在 Core.hlsl 文件中定义的,代码如下:

```
half OutputAlpha(half outputAlpha)
{
    return saturate(outputAlpha + _DrawObjectPassData.a);
}
```

函数需要将传入 alpha,函数中将 alpha 与_DrawObjectPassData 变量的 a 分量相加,并调用 saturate()函数将相加之后的数值范围限为[0, 1]。_DrawObjectPassData 变量是保存全局对象渲染过程的数据,其中 x、y、z 分量还未被使用,w 分量用于记录物体是不透明的(数值为 1)还是半透明的(数值为 0)。

片段函数最后返回 color 变量,此时 Lit.shader 的第一个 Pass——LitForwardPass 讲解完毕。

4.7 函数和宏定义总结

下面通过表 4-7 将第 4 章中常用的函数和宏定义进行汇总。

表 4-7 第 4 章常用的函数和宏定义

函数	说明
VertexPositionInputs GetVertexPositionInputs (float3 positionOS)	传入模型空间顶点坐标,返回 VertexPositionInputs 结构体,结构体中包含了不同空间中的顶点坐标
VertexNormalInputs GetVertexNormalInputs(float3 normalOS)	传入模型空间法线,返回 VertexNormalInputs 结构体,结构体中包含了世界空间切线、次切线、法线
float3 GetCameraPositionWS()	返回世界空间摄像机位置
TRANSFORM_TEX(tex, name)	计算纹理坐标的宏定义,与传统渲染流水线中的算法一致
half4 UniversalFragmentPBR(InputData inputData, half3 albedo, half metallic, half3 specular, half smoothness, half occlusion, half3 emission, half alpha)	传入 InputData 结构体和 SurfaceData 结构体中的所有变量,返回经过所有光照计算之后的颜色

4.8 Unlit Shader 案例

讲解完 ForwardLit Pass 之后，想必读者对于 URP 中的 Shader 已经有所了解了。本节将基于目前所讲的内容编写一个 Unlit 类型的 Shader，以加深读者对于 URP Shader 的理解。

4.8.1 完整 Shader 代码

本 Shader 要实现的功能是直接显示材质中指定的 Base Map，并可以通过 Color 进一步调整颜色，完整代码如下：

```
Shader "Example/UnlitShaderTexture"
{
    Properties
    {
        _BaseMap ("Base Map", 2D) = "white" {}
        _BaseColor ("Color", Color) = (1, 1, 1, 1)
    }

    SubShader
    {
        Tags { "RenderType" = "Opaque" "RenderPipeline" = "UniversalPipeline" }

        Pass
        {
            HLSLPROGRAM
            #pragma prefer_hlslcc gles
            #pragma exclude_renderers d3d11_9x

            #pragma vertex vert
            #pragma fragment frag

            #pragma multi_compile_instancing

            #include "Packages/com.unity.render-pipelines.universal/ShaderLibrary/Core.hlsl"

            struct Attributes
            {
                float4 positionOS : POSITION;
                float2 uv : TEXCOORD0;
                UNITY_VERTEX_INPUT_INSTANCE_ID
            };

            struct Varyings
```

```hlsl
        {
            float4 positionHCS : SV_POSITION;
            float2 uv : TEXCOORD0;
            UNITY_VERTEX_INPUT_INSTANCE_ID
        };

        CBUFFER_START(UnityPerMaterial)
        half4 _BaseColor;
        float4 _BaseMap_ST;
        CBUFFER_END

        TEXTURE2D(_BaseMap); SAMPLER(sampler_BaseMap);

        Varyings vert(Attributes input)
        {
            Varyings output = (Varyings)0;

            UNITY_SETUP_INSTANCE_ID(input);
            UNITY_TRANSFER_INSTANCE_ID(input, output);

            output.positionHCS = TransformObjectToHClip(input.positionOS.xyz);
            output.uv = TRANSFORM_TEX(input.uv, _BaseMap);

            return output;
        }

        half4 frag(Varyings input) : SV_Target
        {
            UNITY_SETUP_INSTANCE_ID(input);

            half4 color = SAMPLE_TEXTURE2D(_BaseMap, sampler_BaseMap, input.uv);
            return color * _BaseColor;
        }
        ENDHLSL
    }
  }
}
```

4.8.2 代码解析

Properties 代码块中的使用方法跟传统渲染流水线一样，这里不再赘述，下面直接从 SubShader 开始讲起。

为了使当前 Shader 能够在 URP 中正常渲染，在 SubShader 的标签中添加 "RenderPipeline" = "UniversalPipeline"。

因为要使用 CBuffer，所以需要将 Core.hlsl 文件包含进 Pass，该文件中还包含了大量的函数和宏定义，可以帮助用户快速编写 Shader。这有点类似于传统渲染流水线中的 UnityCG.cginc 文件，只要是编写 Unlit 类型的 Shader，将其包含进来即可。

接下来定义 Attributes 结构体和 Varyings 结构体，用来保存顶点坐标、纹理坐标以及 GPU 实例 ID。然后在 CBuffer 中声明常数变量_BaseColor 和_BaseMap_ST，并使用 TEXTURE2D() 和 SAMPLER() 宏定义分别声明_BaseMap 和对应纹理的采样器。

在顶点函数中，首先将 GPU 实例 ID 从 Attributes 结构体传递到 Varyings 结构体中，然后使用 TransformObjectToHClip() 函数将顶点坐标从模型空间变换到齐次裁切空间，最后使用 TRANSFORM_TEX() 宏定义得到纹理坐标。

在片段函数中，使用 SAMPLE_TEXTURE2D() 宏定义对_BaseMap 采样得到 color，然后输出 color 与_BaseColor 的乘积。

第5章

其余四个Pass

5.1 ShadowCaster Pass

ShadowCaster Pass 是 SubShader 中的第二个 Pass，其作用是生成阴影贴图，下面开始讲解这个 Pass。

5.1.1 Pass 代码块

SubShader 中的第二个 Pass 代码如下：

```
Pass
{
    Name "ShadowCaster"
    Tags{"LightMode" = "ShadowCaster"}

    ZWrite On
    ZTest LEqual
    Cull[_Cull]

    HLSLPROGRAM
    // Required to compile gles 2.0 with standard srp library
    #pragma prefer_hlslcc gles
    #pragma exclude_renderers d3d11_9x
    #pragma target 2.0

    // ------------------------------------
```

```hlsl
// Material Keywords
#pragma shader_feature _ALPHATEST_ON

//--------------------------------------
// GPU Instancing
#pragma multi_compile_instancing
#pragma shader_feature _SMOOTHNESS_TEXTURE_ALBEDO_CHANNEL_A

#pragma vertex ShadowPassVertex
#pragma fragment ShadowPassFragment

#include "Packages/com.unity.render-pipelines.universal/Shaders/LitInput.hlsl"
 #include "Packages/com.unity.render-pipelines.universal/Shaders/ShadowCasterPass.hlsl"
    ENDHLSL
}
```

解析：

代码块中先定义了 Pass 的名称为 ShadowCaster，然后将灯光模式的标签设置为 ShadowCaster。

剩下的代码与 ForwardLit Pass 类似，不同之处在于声明的材质属性关键词少了很多，只有 _ALPHATEST_ON 和 _SMOOTHNESS_TEXTURE_ALBEDO_CHANNEL_A 两个关键词，这是因为计算阴影贴图只会用到透明度裁切属性，而材质的其他属性完全用不到。

从包含指令可以看到，ShadowCaster Pass 也将 LitInput.hlsl 文件包含了进来，而真正计算阴影贴图的代码是在 ShadowCasterPass.hlsl 文件中。其实 Lit 的五个 Pass 全都用到了 LitInput.hlsl 文件，因为它包含了这五个 Pass 所需要输入的所有数据。

5.1.2　ShadowCasterPass.hlsl

由于 ShaderCasterPass.hlsl 文件中有比较多需要讲解的知识点，下面根据代码功能拆分为不同部分进行讲解。

1. 定义结构体

ShadowCaster Pass 的顶点函数输出结构体 Attributes 以及顶点函数输出结构体 Varyings 代码如下：

```hlsl
#include "Packages/com.unity.render-pipelines.universal/ShaderLibrary/Core.hlsl"
#include "Packages/com.unity.render-pipelines.universal/ShaderLibrary/Shadows.hlsl"

float3 _LightDirection;

struct Attributes
{
```

```
    float4 positionOS       : POSITION;
    float3 normalOS         : NORMAL;
    float2 texcoord         : TEXCOORD0;
    UNITY_VERTEX_INPUT_INSTANCE_ID
};

struct Varyings
{
    float2 uv               : TEXCOORD0;
    float4 positionCS       : SV_POSITION;
};
```

解析：

计算阴影贴图会用到 Shadows.hlsl 文件中定义的大量函数，因此开头除了 Core.hlsl 文件，还将 Shadows.hlsl 包含了进来。

接下来声明灯光方向_LightDirection 变量，运行的时候，Unity 会将对应的数据传递进来。由于只需要计算阴影，因此 Attributes 和 Varyings 结构体中定义的变量都非常少，其中顶点法线是用于计算阴影的偏移，纹理坐标是为了采样透明贴图，被透明度裁切的像素是不会产生投影的。

2. 获取阴影坐标函数

接下来定义了 GetShadowPositionHClip() 函数，用于获取齐次裁切空间下的阴影坐标，代码如下：

```
float4 GetShadowPositionHClip(Attributes input)
{
    float3 positionWS = TransformObjectToWorld(input.positionOS.xyz);
    float3 normalWS = TransformObjectToWorldNormal(input.normalOS);

    float4 positionCS = TransformWorldToHClip(ApplyShadowBias(positionWS, normalWS, _LightDirection));
```

解析：

函数需要传入 Attributes 结构体，函数中先计算出世界空间坐标 positionWS 和世界空间法线 normalWS，然后调用 ApplyShadowBias() 函数得到偏斜之后的阴影坐标，再调用 TransformWorldToHClip() 函数将其变换到齐次裁切空间。其中 ApplyShadowBias() 函数是在 Packages/Universal RP/ShaderLibrary/Shadows.hlsl 文件中定义的，代码如下：

```
float3 ApplyShadowBias(float3 positionWS, float3 normalWS, float3 lightDirection)
{
    float invNdotL = 1.0 - saturate(dot(lightDirection, normalWS));
    float scale = invNdotL * _ShadowBias.y;

    // normal bias is negative since we want to apply an inset normal offset
```

```
    positionWS = lightDirection * _ShadowBias.xxx + positionWS;
    positionWS = normalWS * scale.xxx + positionWS;
    return positionWS;
}
```

函数需要传入世界空间坐标、世界空间法线和灯光方向。函数中用到了_ShadowBias 变量，该变量也是在 Shadow.hlsl 文件中定义的，其中 x 分量表示 Depth Bias（深度方向偏移），y 分量表示 Normal Bias（法线方向偏移），这两个变量是从灯光属性中获取的，URP 也可以在 UniversalRenderPipelineAsset 中对除了点光源之外的所有灯光统一进行设置，设置面板如图 5-1 所示。

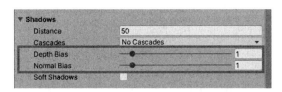

图 5-1　阴影偏移设置

在函数中，灯光方向与法线作点积运算，得到朝向灯光的亮面，反相之后得到背向灯光的暗面，这就是 invNdotL 变量，然后将 invNdotL 与_ShadowBias 的 y 分量相乘得到法线方向的偏移程度 scale 变量。接下来将世界空间坐标沿着灯光方向偏移，再沿着法线方向偏移，就可以得到偏移之后的阴影坐标了。

3. Reversed Direction 方法

下面回过头来继续讲 GetShadowPositionHClip()函数，剩下的代码如下：

```
#if UNITY_REVERSED_Z
    positionCS.z = min(positionCS.z, positionCS.w * UNITY_NEAR_CLIP_VALUE);
#else
    positionCS.z = max(positionCS.z, positionCS.w * UNITY_NEAR_CLIP_VALUE);
#endif

    return positionCS;
}
```

在裁切空间中，Direct3D 的 Z 值范围为[0，far]，OpenGL 的 Z 值范围为[−near，far]，转换到深度缓存（Depth Buffer）之后，统一变成近切面为 0，远切面为 1。但是深度值与 Z 值并不是线性对应的，如图 5-2 所示，距离摄像机比较近的地方占据了大部分的深度值范围，换句话说就是：越靠近摄像机深度值的精度越高。

如此一来就会导致这样一个问题：当物体距离摄像机比较远的时候，Z 值相近的物体由于深度值精度不够，GPU 无法判断谁前谁后，于是会出现交替闪烁的现象，如图 5-3 所示，这种现象称为 Z-Fighting（深度冲突）。

Unity Universal RP内置Shader解析

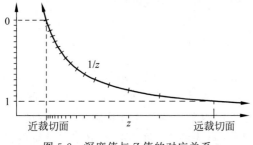

图 5-2 深度值与 Z 值的对应关系

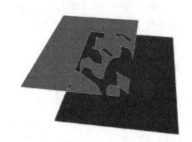

图 5-3 Z-Fighting 现象

为了解决这个问题，DirectX 11、DirectX 12、Play Station 4、Xbox One 和 Metal 中采用了更为先进的 Reversed Direction 方法（也就是代码中的 UNITY_REVERSED_Z）将近平面和远平面的数值进行了翻转以加大深度值的精度。

翻转之后，深度缓存中近平面的值变为 1，远平面的值变为 0，裁切空间的 Z 值范围则变成了 [near, 0]，但是其他图形接口则仍然保持之前的数值范围。至于反转 Z 值可以加大深度值精度的论证过程超出了本书的范围，这里不再赘述，感兴趣的读者可以自行搜索。

明白了 Reversed Direction 方法，下面继续讲解代码。为了防止阴影的位置在偏移之后超出范围导致渲染不完整，函数中进行了如下操作。

当使用了 Reversed Direction 方法，阴影的 Z 值范围为 [near, 0]，偏斜之后数值会逐渐减小，因此使用 min() 函数取最小值；而对于传统的图形接口，偏斜之后数值会逐渐增加，因此使用 max() 取最大值。

4. 顶点和片段函数

ShadowCaster Pass 的顶点函数 ShadowPassVertex() 以及片段函数 ShadowPassFragment() 代码如下：

```
Varyings ShadowPassVertex(Attributes input)
{
    Varyings output;
    UNITY_SETUP_INSTANCE_ID(input);

    output.uv = TRANSFORM_TEX(input.texcoord, _BaseMap);
    output.positionCS = GetShadowPositionHClip(input);
    return output;
}

half4 ShadowPassFragment(Varyings input) : SV_TARGET
{
    Alpha(SampleAlbedoAlpha(input.uv, TEXTURE2D_ARGS(_BaseMap, sampler_BaseMap)).a, _BaseColor, _Cutoff);
    return 0;
}
```

解析：

顶点函数中的计算量很少，只是计算出了纹理坐标，然后调用已经定义好的 GetShadowPositionHClip() 函数得到齐次裁切空间下的阴影坐标，仅此而已。

片段函数主要是调用 Alpha() 函数计算透明度裁切，该函数及内部调用的其他函数都是在 SurfaceInput.hlsl 文件中定义的，本书在第 3 章中已经做过详细讲解，这里不再赘述。由于本 ShadowCaster Pass 只需要保存阴影的信息，不需要进行颜色绘制，因此最后返回 0。

5.2 DepthOnly Pass

SubShader 的第三个 Pass 是 DepthOnly，用于计算深度信息。ShadowCaster Pass 可以理解成是计算灯光的深度贴图，而 DepthOnly 是摄像机的深度贴图，因此 DepthOnly 与 ShadowCaster 的代码非常相似，下面开始讲解该 Pass。

5.2.1 Pass 代码块

SubShader 中的第三个 Pass 代码如下：

```
Pass
{
    Name "DepthOnly"
    Tags{"LightMode" = "DepthOnly"}

    ZWrite On
    ColorMask 0
    Cull[_Cull]

    HLSLPROGRAM
    // Required to compile gles 2.0 with standard srp library
    #pragma prefer_hlslcc gles
    #pragma exclude_renderers d3d11_9x
    #pragma target 2.0

    #pragma vertex DepthOnlyVertex
    #pragma fragment DepthOnlyFragment

    // -------------------------------------
    // Material Keywords
    #pragma shader_feature _ALPHATEST_ON
    #pragma shader_feature _SMOOTHNESS_TEXTURE_ALBEDO_CHANNEL_A

    //-------------------------------------
    // GPU Instancing
    #pragma multi_compile_instancing
```

```
#include "Packages/com.unity.render-pipelines.universal/Shaders/LitInput.hlsl"
#include "Packages/com.unity.render-pipelines.universal/Shaders/DepthOnlyPass.hlsl"
ENDHLSL
}
```

解析：

代码块中定义 Pass 的名称为 DepthOnly，灯光模式标签为 DepthOnly。由于只需要深度信息，因此将 ColorMask 设置为 0，以屏蔽所有的颜色信息。其实在 ShadowCaster Pass 中也可以添加这一指令，但是 Unity 却没有这么做。除此之外，其余代码都与 ShadowCaster Pass 一致，这里不再赘述。

5.2.2 DepthOnlyPass.hlsl

1. 结构体

DepthOnly Pass 的顶点函数输出结构体 Attributes 以及顶点函数输出结构体 Varyings 代码如下：

```
#include "Packages/com.unity.render-pipelines.universal/ShaderLibrary/Core.hlsl"

struct Attributes
{
    float4 position : POSITION;
    float2 texcoord : TEXCOORD0;
    UNITY_VERTEX_INPUT_INSTANCE_ID
};

struct Varyings
{
    float2 uv : TEXCOORD0;
    float4 positionCS : SV_POSITION;
    UNITY_VERTEX_INPUT_INSTANCE_ID
    UNITY_VERTEX_OUTPUT_STEREO
};
```

解析：

代码中只将 Core.hlsl 文件包含了进来，Attributes 和 Varyings 结构体内定义的变量也比较少，只有顶点坐标和纹理坐标。由于是计算摄像机的深度信息，因此需要调用 VR 相关的一系列宏定义。

2. 顶点函数和片段函数

DepthOnly Pass 的顶点函数 DepthOnlyVertex() 以及片段函数 DepthOnlyFragment() 代码如下：

```
Varyings DepthOnlyVertex(Attributes input)
```

```hlsl
{
    Varyings output = (Varyings)0;
    UNITY_SETUP_INSTANCE_ID(input);
    UNITY_INITIALIZE_VERTEX_OUTPUT_STEREO(output);

    output.uv = TRANSFORM_TEX(input.texcoord, _BaseMap);
    output.positionCS = TransformObjectToHClip(input.position.xyz);
    return output;
}

half4 DepthOnlyFragment(Varyings input) : SV_TARGET
{
    UNITY_SETUP_STEREO_EYE_INDEX_POST_VERTEX(input);

    Alpha(SampleAlbedoAlpha(input.uv, TEXTURE2D_ARGS(_BaseMap, sampler_BaseMap)).a, _BaseColor, _Cutoff);
    return 0;
}
```

解析：

顶点函数的计算非常简单，只是计算了纹理坐标，并将顶点坐标变换到齐次裁切空间。

片段函数与 ShadowCaster Pass 一样，只是调用了 Alpha() 函数进行了透明度裁切，由于不需要绘制颜色，所以返回 0。

5.3 Meta Pass

SubShader 的第四个 Pass 是 Meta，它的主要工作是将材质的 Albedo 和 Emission 属性传递给 Unity 的烘焙系统，从而保证物体能够被准确计算出间接照明（Indirect lighting）。因此，只有 Shader 中带有 Meta Pass，物体才能烘焙出光照贴图，并且只有在烘焙光照贴图的时候，Meta Pass 才会被执行。下面开始讲解这个 Pass。

5.3.1 Pass 代码块

SubShader 中的第四个 Pass 代码如下：

```hlsl
// This pass it not used during regular rendering, only for lightmap baking.
Pass
{
    Name "Meta"
    Tags{"LightMode" = "Meta"}

    Cull Off

    HLSLPROGRAM
```

```
// Required to compile gles 2.0 with standard srp library
#pragma prefer_hlslcc gles
#pragma exclude_renderers d3d11_9x

#pragma vertex UniversalVertexMeta
#pragma fragment UniversalFragmentMeta

#pragma shader_feature _SPECULAR_SETUP
#pragma shader_feature _EMISSION
#pragma shader_feature _METALLICSPECGLOSSMAP
#pragma shader_feature _ALPHATEST_ON
#pragma shader_feature _ _SMOOTHNESS_TEXTURE_ALBEDO_CHANNEL_A

#pragma shader_feature _SPECGLOSSMAP

#include "Packages/com.unity.render-pipelines.universal/Shaders/LitInput.hlsl"
#include "Packages/com.unity.render-pipelines.universal/Shaders/LitMetaPass.hlsl"

ENDHLSL
}
```

解析：

代码块中定义 Pass 的名称和光照模式都为 Meta，由于烘焙光照的时候需要顾及单面物体的背面，因此使用 Cull Off 指令关闭几何体背面剔除功能。

接下来将材质中所有会影响到烘焙光照的关键词全部声明一遍，例如，高光、自发光、透明度裁切等。顶点函数和片段函数在 LitMetaPass.hlsl 文件中定义。

5.3.2 MetaPass.hlsl

1. 定义结构体

Meta Pass 的顶点函数输出结构体 Attributes 以及顶点函数输出结构体 Varyings 代码如下：

```
#include "Packages/com.unity.render-pipelines.universal/ShaderLibrary/MetaInput.hlsl"

struct Attributes
{
    float4 positionOS   : POSITION;
    float3 normalOS     : NORMAL;
    float2 uv0          : TEXCOORD0;
    float2 uv1          : TEXCOORD1;
    float2 uv2          : TEXCOORD2;
#ifdef _TANGENT_TO_WORLD
    float4 tangentOS    : TANGENT;
#endif
```

```
};
struct Varyings
{
    float4 positionCS       : SV_POSITION;
    float2 uv               : TEXCOORD0;
};
```

解析:

代码中先将 MetaInput.hlsl 文件包含进来,这里面定义了两个非常重要的函数,后面会用到。

在 Attributes 结构体中定义了三套 UV,保存的信息分别为模型原本的 UV、静态光照贴图的 UV 和动态光照(实时 GI)贴图的 UV。后面进行判断,当需要用到世界空间切线的时候,定义 tangentOS 变量。

在 Varyings 结构体中只定义了齐次裁切空间顶点坐标及纹理坐标。

2. 顶点函数

Meta Pass 的顶点函数 UniversalVertexMeta() 代码如下:

```
Varyings UniversalVertexMeta(Attributes input)
{
    Varyings output;
    output.positionCS = MetaVertexPosition(input.positionOS, input.uv1, input.uv2,
        unity_LightmapST, unity_DynamicLightmapST);
    output.uv = TRANSFORM_TEX(input.uv0, _BaseMap);
    return output;
}
```

解析:

在顶点函数中,调用 MetaVertexPosition() 函数获得齐次裁切空间顶点位置,该函数在 MetaInput.hlsl 函数中定义,代码如下:

```
float4 MetaVertexPosition(float4 positionOS, float2 uv1, float2 uv2, float4 uv1ST, float4
uv2ST)
{
    if (unity_MetaVertexControl.x)
    {
        positionOS.xy = uv1 * uv1ST.xy + uv1ST.zw;
        // OpenGL right now needs to actually use incoming vertex position,
        // so use it in a very dummy way
        positionOS.z = positionOS.z > 0 ? REAL_MIN : 0.0f;
    }
    if (unity_MetaVertexControl.y)
    {
        positionOS.xy = uv2 * uv2ST.xy + uv2ST.zw;
```

```
    // OpenGL right now needs to actually use incoming vertex position,
    // so use it in a very dummy way
    positionOS.z = positionOS.z > 0 ? REAL_MIN : 0.0f;
}
return TransformWorldToHClip(positionOS.xyz);
}
```

函数需要传入模型空间顶点坐标,第二、第三套 UV,以及静态、动态光照贴图的缩放和偏移。函数中通过 unity_MetaVertexControl 的 x 变量和 y 分量判断顶点在光照贴图空间的坐标,该变量也是在 MetaInput.hlsl 文件中定义的,代码如下:

```
CBUFFER_START(UnityMetaPass)
// x = use uv1 as raster position
// y = use uv2 as raster position
bool4 unity_MetaVertexControl;
CBUFFER_END
```

unity_MetaVertexControl 在 CBuffer 中定义,注释中解释的也很明白了,x 分量表示使用第二套 UV 作为光栅化的坐标;y 分量表示使用第三套 UV 作为光栅化的坐标。

下面回过头来继续讲解 MetaVertexPosition() 函数,函数中的 REAL_MIN 宏定义表示的是无限接近于零的数值,Common.hlsl 文件中定义了 half 和 float 两种精度的宏,但是最终的宏是在 Macros.hlsl 文件中定义的,代码如下:

```
#define FLT_MIN  1.175494351e-38 // Minimum normalized positive floating-point number
#define FLT_MAX  3.402823466e+38 // Maximum representable floating-point number
#define HALF_MIN 6.103515625e-5  // 2^-14, the same value for 10, 11 and 16-bit
#define HALF_MAX 65504.0
```

3. 片段函数

Meta Pass 的片段函数 UniversalFragmentMeta() 代码如下:

```
half4 UniversalFragmentMeta(Varyings input) : SV_Target
{
    SurfaceData surfaceData;
    InitializeStandardLitSurfaceData(input.uv, surfaceData);

    BRDFData brdfData;
    InitializeBRDFData(surfaceData.albedo, surfaceData.metallic, surfaceData.specular,
surfaceData.smoothness, surfaceData.alpha, brdfData);

    MetaInput metaInput;
    metaInput.Albedo = brdfData.diffuse + brdfData.specular * brdfData.roughness * 0.5;
    metaInput.SpecularColor = surfaceData.specular;
    metaInput.Emission = surfaceData.emission;

    return MetaFragment(metaInput);
}
```

解析：

片段函数中先声明 SurfaceData 结构体，并调用 InitializeStandardLitSurfaceData()函数对其初始化,该函数在 LitInput.hlsl 文件中定义,本书第 3 章已经做过讲解,这里不再赘述。

紧接着,代码中又声明了 BRDFData 结构体,并调用 InitializeBRDFData()函数对其初始化。该结构体和初始化函数都是在 Lighting.hlsl 文件中定义的,函数中判断当前工作流是金属还是高光,然后计算出反射,并为 BRDFData 结构体中的变量填充数据。

接下来代码中又声明了 MetaInput 结构体,该结构体在 MetaInput.hlsl 文件中定义,代码如下：

```
struct MetaInput
{
    half3 Albedo;
    half3 Emission;
    half3 SpecularColor;
};
```

结构体中定义的变量有 Albedo、Emission 和 SpecularColor,然后在片段着色器中对这三个变量赋值,最后将结构体传入 MetaFragment()函数并返回,该函数也是在 MetaInput.hlsl 文件中定义,函数中分别计算了 Albedo 和 Emission,感兴趣的用户可以自行查阅代码。

4. LWRP 兼容代码

文件最后的代码是用于兼容 LWRP 的,代码如下：

```
//LWRP -> Universal Backwards Compatibility
Varyings LightweightVertexMeta(Attributes input)
{
    return UniversalVertexMeta(input);
}

half4 LightweightFragmentMeta(Varyings input) : SV_Target
{
    return UniversalFragmentMeta(input);
}
```

解析：

LitMetaPass.hlsl 文件还对 LWRP 做了兼容处理,当执行 LWRP 顶点函数和片段函数时,会返回 URP 对应的顶点函数和片段函数。

5.4 Universal2D Pass

Universal2D 是 URP 使用 2D 渲染器绘制物体时需要调用的 Pass,由于不需要进行光

Unity Universal RP内置Shader解析

照计算,因此代码也非常简单,下面开始讲解这个 Pass 的内容。

5.4.1 Pass 代码块

SubShader 中的第五个 Pass 代码如下:

```
Pass
{
    Name "Universal2D"
    Tags{ "LightMode" = "Universal2D" }

    Blend[_SrcBlend][_DstBlend]
    ZWrite[_ZWrite]
    Cull[_Cull]

    HLSLPROGRAM
    // Required to compile gles 2.0 with standard srp library
    #pragma prefer_hlslcc gles
    #pragma exclude_renderers d3d11_9x

    #pragma vertex vert
    #pragma fragment frag
    #pragma shader_feature _ALPHATEST_ON
    #pragma shader_feature _ALPHAPREMULTIPLY_ON

    #include "Packages/com.unity.render-pipelines.universal/Shaders/LitInput.hlsl"
    #include "Packages/com.unity.render-pipelines.universal/Shaders/Utils/Universal2D.hlsl"
    ENDHLSL
}
```

解析:

代码块中定义 Pass 的名称和光照模式标签都是 Universal2D,由于 2D 渲染同样需要透明裁切和半透明效果,因此需要声明_ALPHATEST_ON 和_ALPHAPREMULTIPLY_ON 关键词。顶点函数和片段函数是在 Universal2D.hlsl 文件中定义的,注意路径,该文件放在了 Utils 文件夹中。

5.4.2 Universal2D.hlsl

Universal2D.hlsl 中的计算量非常小,所实现的功能跟 Unlit 类型的 Shader 类似,下面开始讲解这个文件中的代码。代码如下:

```
struct Attributes
{
    float4 positionOS   : POSITION;
    float2 uv           : TEXCOORD0;
```

```
};

struct Varyings
{
    float2 uv           : TEXCOORD0;
    float4 vertex       : SV_POSITION;
};
```

解析：

Attributes 和 Varyings 结构体仅定义了顶点坐标和纹理坐标，都不需要调用 GPU 实例相关的宏定义。

```
Varyings vert(Attributes input)
{
    Varyings output = (Varyings)0;

    VertexPositionInputs vertexInput = GetVertexPositionInputs(input.positionOS.xyz);
    output.vertex = vertexInput.positionCS;
    output.uv = TRANSFORM_TEX(input.uv, _BaseMap);

    return output;
}

half4 frag(Varyings input) : SV_Target
{
    half2 uv = input.uv;
    half4 texColor = SAMPLE_TEXTURE2D(_BaseMap, sampler_BaseMap, uv);
    half3 color = texColor.rgb * _BaseColor.rgb;
    half alpha = texColor.a * _BaseColor.a;
    AlphaDiscard(alpha, _Cutoff);

    #ifdef _ALPHAPREMULTIPLY_ON
        color *= alpha;
    #endif
    return half4(color, alpha);
}
```

解析：

顶点函数中调用 GetVertexPositionInputs() 函数初始化 VertexPositionInputs 结构体，并将结构体中的 positionCS 变量保存到 Varyings 结构体，接下来计算_BaseMap 的纹理坐标。

片段函数中先对_BaseMap 进行采样得到 texColor，然后将 texColor 的 RGB 和 a 分量分别与_BaseColor 的 RGB 和 a 分量相乘。接下来调用 AlphaDiscard() 函数进行透明度裁切，最后判断材质是否开启透明预乘选项，如果开启，则将颜色与透明度相乘。最后返回颜色和透明度组成的四维向量。其中 AlphaDiscard() 函数在 Core.hlsl 文件中定义，代码如下：

```
void AlphaDiscard(real alpha, real cutoff, real offset = 0.0h)
{
    #ifdef _ALPHATEST_ON
        clip(alpha - cutoff + offset);
    #endif
}
```

函数需要传入当前的 alpha 值、裁切阈值以及 alpha 偏移值。函数中判断是材质否开启透明度裁切，如果开启，则调用 clip() 函数进行裁切计算。

第6章

Shader Graph

经过前面五个章节的讲解，想必读者对 URP Shader 的框架结构已经有了一个非常全面的了解，为了使读者在看懂 Shader 代码的同时，还能理解其复杂的计算逻辑，这一章将引入一款新的 Shader 编辑工具——Shader Graph。

6.1　Shader Graph 介绍

Shader Graph 是 Unity 内置的一款 Shader 可视化编辑工具，旨在使不会编写 Shader 代码的纯 3D 美术人员，通过连接节点的方式依然可以实现想要的 Shader 效果，并且用户在编辑 Shader 的同时，能够快速预览到当前的效果。与之类似功能的工具还有 Shader Forge 和 Amplify Shader Editor，但是 Shader Graph 只能在 URP 和 HDRP 项目中使用。

由于 Shader Graph 生成的 Shader 文件代码量非常大，且可读性低，因此不建议直接使用，本书中仅利用这个工具作为编写代码前的逻辑梳理之用。

6.2　使用流程

创建 Shader Graph 的 Shader 文件非常简单，在菜单中依次单击 Asset > Create > Shader，如图 6-1 所示，在弹出的菜单中选择以"Graph"结尾的选项，即可在项目资源的当前路径下创建出 Shader Graph 文件。

Shader Graph 可以支持不同类型的 Shader，其中最常用的是 Unlit Graph 和 PBR Graph，它们之间的区别是 Unlit Graph 适合不参与光照计算的 Shader 效果；而 PBR Graph 适合 PBR 工作流的 Shader 效果，内部包含金属性工作流和高光工作流。

Unity Universal RP内置Shader解析

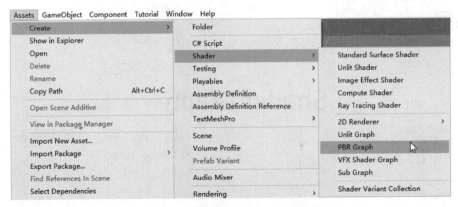

图 6-1 创建 Shader Graph 资源

双击创建出的 Shader Graph 文件，Unity 会自动打开 Shader Graph 编辑界面，以 PBR Graph 为例，界面如图 6-2 所示，Shader 编辑的绝大部分工作都是在这个界面中完成的。

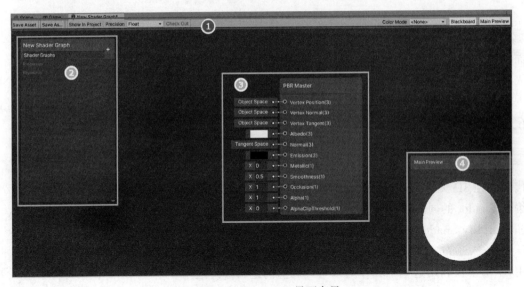

图 6-2 Shader Graph 界面布局

界面各个部分的功能如下：

（1）最上方的是编辑工具栏，可以保存 Shader 文件、设置数值精度、开启预览窗口等。

（2）最左侧的是 Shader 设置面板，可以设置 Shader 的显示路径、开放的所有属性变量等。

（3）界中间的是 Shader 的材质节点，编辑过程中的所有节点最终都是要连接到这个节点的某个或某些接口上。

（4）右下角的是效果预览窗口，可以实时查看到当前状态下的 Shader 效果。

通过 Shader Graph 编辑出来的 Shader 文件与手写 Shader 同样的使用方法,将其指定给材质资源即可进行效果渲染。

6.3 常用节点

Shader Graph 提供了非常多的节点,按下空格键会弹出节点选择面板,如图 6-3 所示,读者可以在面板上通过关键词搜索,也可以根据分类查找。由于篇幅有限,本书仅挑选经常使用的节点进行重点讲解。

图 6-3　节点选择面板

如果读者对于其他节点有任何疑问,可以在 Shader Graph 中选中节点并右击,然后在弹出的快捷菜单中选择 Open Documentation 选项,如图 6-4 所示,即可自动打开 Unity 说明文档中关于这个节点的详细说明。

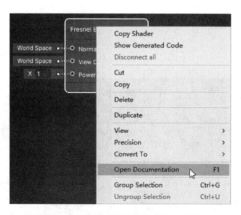

图 6-4　右击节点打开说明文档

6.3.1　数据输入类节点

1. Normal Vector

获取顶点法线,可以设置法线的所在空间,默认为世界空间,节点样式如图 6-5 所示。

2. Position

获取顶点坐标，可以设置坐标所在的空间，默认为世界空间，节点样式如图 6-6 所示。

图 6-5　Normal Vector 节点　　　　图 6-6　Position 节点

3. UV

获取顶点的纹理坐标，可以选择调用模型的哪一套 UV，默认为 UV0，也就是第一套 UV，节点样式如图 6-7 所示。

4. View Direction

获取到从顶点指向摄像机的视角向量，可以设置向量所在的空间，默认为世界空间，节点样式如图 6-8 所示。

图 6-7　UV 节点　　　　图 6-8　View Direction 节点

5. Sample Texture 2D

纹理采样节点，需要与 2D 纹理属性或资源连用，贴图样式如图 6-9 所示。

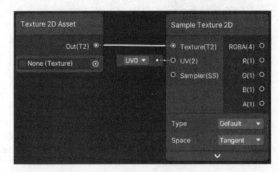

图 6-9　Sample Texture 2D 节点

可以在 UV 接口连接"Tiling And Offset"节点用于控制纹理的平铺和偏移，还可以在 Sampler(SS) 接口连接"Sampler State"节点用于修改纹理的采样器。

6.3.2 数学计算类节点

1. Add、Subtract、Multiple、Divide

将传入节点的 A、B 两个数值分别相加、相减、相乘、相除,节点样式如图 6-10 所示。

图 6-10 Add、Subtract、Multiple、Divide 节点

2. Power

指数运算,输出 A^B,内部调用的是 pow() 函数,节点样式如图 6-11 所示。

3. Absolute

返回输入数值的绝对值,内部调用的是 abs() 函数,节点样式如图 6-12 所示。

图 6-11 Power 节点

图 6-12 Absolute 节点

4. Length

返回输入向量的模长,内部调用的是 length() 函数,节点样式如图 6-13 所示。

5. Modulo

输出 A 除以 B 的余数,内部调用的是 fmod() 函数,节点样式如图 6-14 所示。

图 6-13 Length 节点

图 6-14 Modulo 节点

6. Negate

返回输入数值的相反数,其实就是将输入数值乘以 −1,节点样式如图 6-15 所示。

7. Normalize

将传入节点的向量进行标准化处理,内部调用的是 normalize() 函数,节点样式如图 6-16 所示。

图 6-15　Negate 节点

图 6-16　Normalize 节点

8. Reciprocal

返回输入数值的倒数，节点样式如图 6-17 所示。

9. Lerp

通过传入的数值 T 在数值 A 和 B 之间进行线性插值计算，内部调用的是 lerp() 函数，节点样式如图 6-18 所示。

图 6-17　Reciprocal 节点

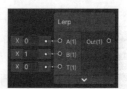
图 6-18　Lerp 节点

10. Clamp

将输入节点的数值限制在范围 [Min，Max] 中，内部调用的是 clamp() 函数，节点样式如图 6-19 所示。

11. Fraction、Truncate

(1) Fraction 节点：返回输入数值的小数部分，内部调用的是 frac() 函数。

(2) Truncate 节点：返回输入数值的整数部分，内部调用的是 trunc() 函数。

节点样式如图 6-20 所示。

图 6-19　Clamp 节点

图 6-20　Fraction 和 Truncate 节点

12. Maximum、Minimum

(1) Maximum 节点：输出 A、B 数值的最大值，内部调用的是 max() 函数。

(2) Minimum 节点：输出 A、B 数值的最小值，内部调用的是 min() 函数。

节点样式如图 6-21 所示。

图 6-21　Maximum 和 Minimum 节点

13. One Minus

将 1 减去输入的数值之后输出,从而对输入的颜色进行反相,节点样式如图 6-22 所示。

14. Random Range

在范围[Min,Max]中随机输出一个数值,可以在 Seed 接口输入变量从而控制随机生成的数值,节点样式如图 6-23 所示。

图 6-22　One Minus 节点　　　　　　图 6-23　Random Range 节点

15. Remap

将输入的数值从范围[InMin,InMax]重新映射到范围[OutMin,OutMax],节点样式如图 6-24 所示。

16. Saturate

将输入节点的数值限制在范围[0,1]内,内部调用的是 saturate()函数,节点样式如图 6-25 所示。

图 6-24　Remap 节点　　　　　　图 6-25　Saturate 节点

17. Ceiling、Floor

(1) Ceiling 节点:输出大于或等于输入数值的最小整数,相当于对输入数值进 1 取整,内部调用的是 ceil()函数。

(2) Floor 节点:输出小于或者等于输入数值的最大整数,相当于对输入数值去尾取整,内部调用的是 floor()函数。

节点样式如图 6-26 所示。

图 6-26　Ceiling 和 Floor 节点

18. Round

输出与输入数值最接近的整数值,相当于对输入的数值四舍五入,内部调用的是 round()函数,节点样式如图 6-27 所示。

19. Sign

输出输入数值的符号:

(1) 当输入数值为正数,输出 1。

(2) 当输入数值为负数,输出 -1。

(3) 当输入数值为 0,输出 0。

内部调用的是 sign()函数,节点样式如图 6-28 所示。

图 6-27　Round 节点

图 6-28　Sign 节点

20. Step

将输入的两个数值进行比较,当输入数值大于或等于 Edge 时,输出 1;否则输出 0。内部调用的是 step()函数,节点样式如图 6-29 所示。

21. Sine、Cosine

(1) Sine 节点:返回输入数值的正弦值,内部调用的是 sin()函数。

(2) Cosine 节点:返回输入数值的余弦值,内部调用的是 cos()函数

节点样式如图 6-30 所示。

图 6-29　Step 节点

图 6-30　Sine 和 Cosine 节点

6.3.3 向量处理类节点

1. Dot Product、Cross Product

(1) Dot Product 节点：点积运算，内部调用的是 dot() 函数。

(2) Cross Product 节点：叉积运算，内部调用的是 cross() 函数。

节点样式如图 6-31 所示。

图 6-31　Dot Product 和 Cross Product 节点

2. Distance

输出 A、B 两点之间的距离，内部调用的是 distance() 函数，节点样式如图 6-32 所示。

3. Reflection

输入入射方向(In)和表面法线方向(Normal)，输出反射向量，内部调用的是 reflect() 函数，节点样式如图 6-33 所示。

图 6-32　Distance 节点

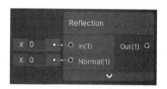

图 6-33　Reflection 节点

4. Transform

将坐标或者向量从一个空间变换到另一个空间，节点样式如图 6-34 所示。

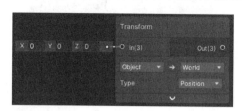

图 6-34　Transform 节点

5. Split、Combine

(1) Split 节点：将多维向量拆分成多个一维向量。

(2) Combine 节点：将多个一维向量合并成二维、三维或四维向量。

节点样式如图 6-35 所示。

图 6-35　Split 和 Combine 节点

6. Swizzle

将向量的各个分量重新排序，组合成新的向量输出，节点样式如图 6-36 所示。

图 6-36　Swizzle 节点

6.3.4　视觉调整类节点

1. Contrast

通过输入节点的 Contrast 变量控制图像的对比度，数值越大对比度越高，节点样式如图 6-37 所示。

图 6-37　Contrast 节点

2. Saturation

通过输入节点的 Saturation 变量控制图像的饱和度，数值越大饱和度越高，节点样式如图 6-38 所示。

3. Blend

将输入节点的 Base 和 Blend 两张图像进行混合处理，节点样式如图 6-39 所示。

图 6-38 Saturation 节点

图 6-39 Blend 节点

Shader Graph 提供了很多的图像混合效果可供用户直接选择使用,例如 Overlay、Screen、Overwrite 等效果,与 Photoshop 中的图层叠加效果类似。用户也可以传入 Opacity 控制纹理的某些位置不进行效果叠加。

4. Normal Blend

将输入节点的两张法线纹理合并,节点样式如图 6-40 所示。

图 6-40 Normal Blend 节点

5. Normal Strength

通过输入节点的 Strength 变量控制法线纹理的强度,节点样式如图 6-41 所示。

图 6-41 Normal Strength 节点

第7章

车漆Shader案例

前面的章节主要将 Lit.shader 相关的所有内容已经全部讲解完毕,并在第 6 章中讲解了 Unity 内置的 Shader 可视化编辑工具。接下来,本章以一个比较高级的效果——车漆 Shader 案例进一步巩固读者对于 URP Shader 的理解与应用,笔者研究 URP Shader 最开始的动机正是源自于此。

7.1 设计逻辑

2020 年 5 月,笔者就职的公司正式启动了 3D 汽车展示项目,目标平台是 Android 和 iOS,因此在运行性能和渲染效果之间一定要找到一个平衡点。换句话说,就是要在性能允许的情况下将视觉效果达到极致。而车漆部位是整辆车最直观、最重要的部位,所以车漆 Shader 就需要额外费点心思了。

经过分析与权衡之后,车漆 Shader 的大致结构如下:

(1) 为了实现逼真的材质效果,Shader 沿用 Unity 内置的物理光照模型。

(2) 为了减少光照的计算量,汽车的光照及反射全部是由环境光提供,而环境光则是由一张 HDR 资源转换成的 cubemap。

(3) 项目中不会添加灯光,也就不需要计算灯光的阴影,因此 Shader 中不需要 ShadowCaster Pass。

(4) 汽车动态展示,不需要烘焙光照,因此 Shader 中不需要 Meta Pass。

车漆 Shader 是参考 Redshift(一款世界著名的 GPU 渲染器)Car Paint 材质说明书而编写的,笔者在原材质基础上稍微进行了调整,编写出了本章要讲解的车漆 Shader。材质说明书的原文链接已经添加到本书最后的参考目录中,感兴趣的读者建议阅读原文。

7.2 使用 Shader Graph 梳理逻辑

明确了要实现的 Shader 效果及功能需求,下面通过 Shader Graph 梳理车漆效果的完整实现逻辑。在项目资源中创建"PBR Graph"类型的 Shader 文件,并命名为 CarPaint Shader,然后双击文件打开 Shader Graph 编辑器。

7.2.1 创建属性变量

为了使车漆材质具有更高的调节性,本 Shader 开放了大量属性变量,开放的所有属性变量如图 7-1 所示。

由于材质属性比较多,下面只对其中比较特殊的属性变量进行讲解。

一般情况下,车漆边缘区域的亮度会比朝向视线方向的区域亮度更暗,从而使车漆看起来更有厚重感。如图 7-2 所示,视角中心的亮度明显会比边缘区域亮很多。于是,开放 Pigment Color 属性用于调节车漆的主体颜色,Edge Color 属性用于调节边缘区域的颜色,而 Edge Factor 属性则是用来调节这两个颜色之间过渡区域的范围。

高光反射也是同样的道理,开放 Specular Color 属性用于调节车漆整体的高光颜色,Facing Specular 和 Perpendicular Specular 属性分别用来调节视线中心区域、边缘区域的反射强度,而 Specular Factor 属性则是用来调节这两个数值之间过渡区域的范围。

图 7-1 开放的所有属性变量

图 7-2 Unreal 官方提供的车漆效果

众所周知,车漆最外层会有一层透明的涂漆,这层涂漆的专业术语是Clear Coat,不仅反光非常强,并且遵循菲涅尔效果(视线与物体表面完全垂直时,反射最弱,而当视线与物体表面的夹角越小,反射越强)。

为了实现这种效果,开放Clear Coat Color属性用于调节车漆Clear Coat的整体颜色,Facing Reflection属性用于控制视角中心区域的反射,Perpendicular Reflection属性用于控制边缘区域的反射,Reflection Factor属性用于控制这两个数值之间过渡区域的范围。为了使Clear Coat反射效果的可控性更高,这里还开放了Reflection Contrast属性,用于控制反射的对比度。

一些高档的汽车(尤其是跑车)会使用珠光漆材质,如图7-3所示,Clear Coat中会夹杂着一些星光闪闪的小碎片,这些小碎片有一个专业术语,称为Flake。

Flake效果有以下两种实现思路:

(1) 使用法线贴图干扰车壳表面的法线,使其产生强烈的反射。

(2) 直接控制材质的Specular属性和Smoothness属性,从而产生反射。

经过笔者测试发现,无论是从性能方面还是从效果方面,第二种实现思路都更好一些。而星状的反射效果则是通过一张Noise纹理实现的,如图7-4所示。

图7-3 珠光漆效果

图7-4 Flake纹理贴图

为了实现Flake效果,本Shader开放Flake Density属性用于调节纹理的平铺,进而控制Flake的密度,开放Flake Reflection属性用于控制反射的强度。由于Flake效果也遵循菲涅尔效果,因此开放Flake Factor属性用于控制Flake在视角中心出现的范围。

7.2.2 Albedo部分节点

添加完所有的属性变量之后,下面开始连接节点。

在开始讲解之前先引入了一个新的节点——Fresnel Effect,也就是菲涅尔效果,节点样式如图7-5所示。

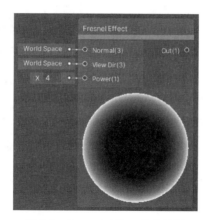

图 7-5 Fresnel Effect 节点效果

Fresnel Effect 节点需要传入法线向量和视角方向,默认传入的是世界空间法线向量和世界空间视角方向,节点内部会将传入的这两个向量做点积运算,用于区分视角中心区域与视角边缘区域的范围,还可以通过 Power 接口传入的数值控制边缘区域的宽度。车漆 Shader 接下来在实现 Specular、Clear Coat 和 Flake 效果的时候都会用到这个节点。

关于 Albedo 部分的节点连接如图 7-6 所示,将 Edge Falloff Factor 属性变量传入 Fresnel Effect 节点的 Power 接口用于控制菲涅尔效果的边缘过渡范围,然后以菲涅尔效果作为 alpha,在 Pigment Color 和 Edge Color 之间进行线性插值计算,使视角中心与视角边缘之间的 Albedo 颜色区分开,最终的结果连接到材质的 Albedo 接口。

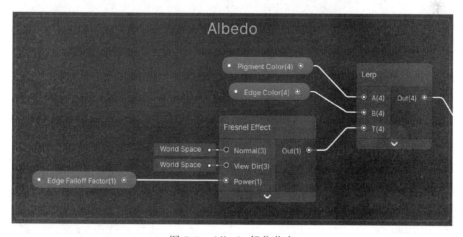

图 7-6 Albedo 部分节点

7.2.3 Occlusion 部分节点

关于 Occlusion 部分的节点连接如图 7-7 所示。使用 Sample Texture 2D 节点对 Occlusion 纹理属性进行采样,由于环境光遮挡是一维数据,因此只需要输出 R 通道即可。

Unity Universal RP内置Shader解析

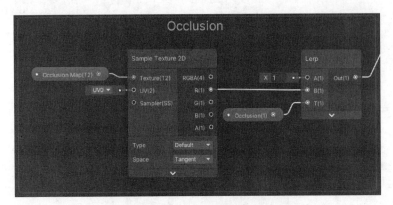

图 7-7　Occlusion 部分节点

将 R 通道连接至 Lerp 节点的 B 接口，A 接口设置为固定数值 1，如此通过调节 Occlusion 属性变量即可在数值 1 与 Occlusion 纹理之间进行插值计算，当 Occlusion 属性为 0 的时候，物体不受任何环境光的遮挡；为 1 的时候，物体完全按照 Occlusion 纹理进行环境光遮挡。最后将插值结果连接到材质的 Occlusion 接口。

7.2.4　Clear Coat 部分节点

Clear Coat 效果的节点连接分为两部分讲解，第一部分关于 Clear Coat 颜色的节点连接如图 7-8 所示。

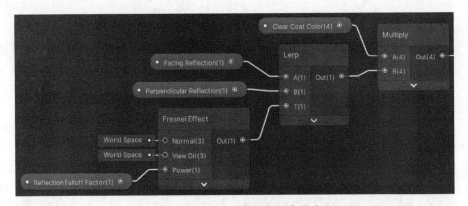

图 7-8　Clear Coat 菲涅尔颜色节点

将 Reflection Falloff Factor 属性变量连接到 Fresnel Effect 节点的 Power 接口，用于控制菲涅尔效果的边缘过渡范围，然后以菲涅尔效果作为 alpha，在 Facing Reflection 和 Perpendicular Reflection 之间进行线性插值计算，使视角中心与视角边缘的反射强度区分开，最后将插值结果与 Clear Coat Color 属性节点相乘，用于控制 Clear Coat 效果的菲涅尔颜色，相乘之后的结果等待接下来调用。

第二部分关于 Clear Coat 反射的节点连接如图 7-9 所示。使用 Reflection Probe 节点获取到环境的反射数据,数据来源有两种,一种是来自于场景设置中的反射;另一种是 Reflection Probe(反射探针)提供的反射信息。

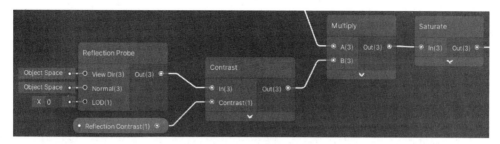

图 7-9 Clear Coat 反射节点

将获取到的反射传入 Contrast 节点,并通过 Reflection Contrast 属性变量控制反射图像的对比度。接下来将调整对比度之后的反射图像与 Clear Coat 的菲涅尔颜色相乘,用于控制 Clear Coat 效果的反射颜色,然后将乘积连接到 Saturate 节点上,从而将结果限制在范围[0,1]内。

由于 Clear Coat 反射是在 Shader 计算完所有效果之后才叠加上的,与 PBR 光照模型中自发光的计算顺序一致,因此将 Clear Coat 效果的最终节点连接到材质的 Emission 接口即可。

7.2.5 Flake 部分节点

Flake 效果的实现逻辑比较复杂,需要通过一张 Flake 纹理来影响 Specular 和 Smoothness 属性的强度,进而实现珠光的星状反射效果。关于 Flake 纹理采样部分的节点连接如图 7-10 所示。

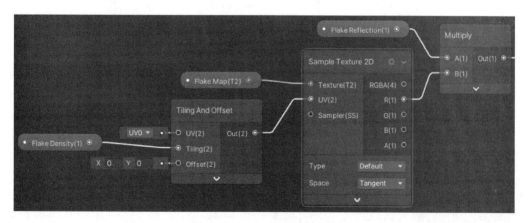

图 7-10 Flake 纹理采样节点

使用 Sample Texture 2D 节点对 Flake 纹理属性进行采样,由于需要控制珠光颗粒的粗细度,因此在 UV 接口上连接 Tiling And Offset 节点,并通过 Flake Density 属性变量控

Unity Universal RP内置Shader解析

制纹理的平铺值。纹理的采样结果与Flake Reflection属性变量相乘用于控制珠光颗粒的亮度，乘积等待稍后使用。

珠光漆效果同样也是遵循菲涅尔效果的，只不过与Clear Coat相反，前者的特点是视角中心反射效果明显，视角侧面几乎没有任何反射，这一部分的节点连接如图7-11所示。

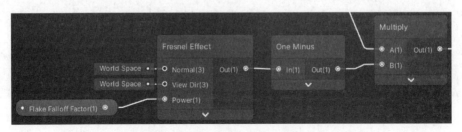

图7-11 珠光漆的菲涅尔节点

将Flake Falloff Factor属性变量连接到Fresnel Effort节点的Power接口，用于控制菲涅尔效果的边缘过渡范围，然后使用One Minus节点对菲涅尔效果进行反相，使其从视角中心弱、视角边缘强的效果变为视角中心强、视角边缘弱的效果，变换过程如图7-12所示。最后与珠光漆的颗粒效果相乘，从而使其只出现在视角中心区域，乘积等待接下来被调用。

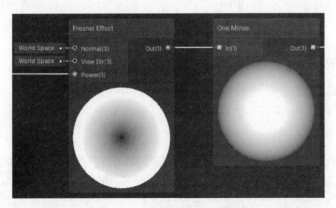

图7-12 反相珠光漆的菲涅尔效果

7.2.6 Specular和Smoothness部分节点

在7.2.5节中得到了颗粒效果的节点，下面就将其合并到Specular和Smoothness上，Specular部分的节点连接如图7-13所示。

将Specular Falloff Factor属性变量连接到Fresnel Effort节点的Power接口，用于控制菲涅尔效果的边缘过渡范围，然后以菲涅尔效果作为alpha，在Facing Specular和Perpendicular Specular之间进行线性插值计算，使视角中心与视角边缘的高光强度区分开。

将插值结果与Specular Color属性变量相乘，从而控制菲涅尔高光反射的颜色，最后与Flake的颗粒效果相加，使物体上有颗粒的位置高光反射变强，相加之后的结果连接到材质

第7章 车漆Shader案例

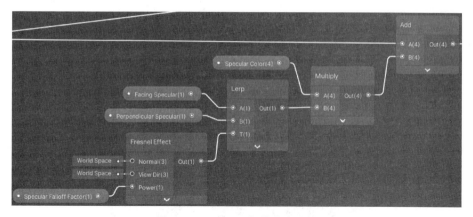

图 7-13 Specular 部分节点连接

的 Specular 接口。

Smoothness 部分的节点连接如图 7-14 所示，将颗粒效果与 Smoothness 属性变量相加，使物体有颗粒的位置光滑度提高，最后将相加之后的结果连接到材质的 Smoothness 接口即可。至此，所有节点连接完毕。

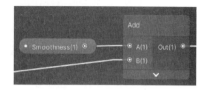

图 7-14 Smoothness 部分节点连接

7.2.7 完整节点连接

为了使读者拥有整体的思考逻辑，方便读者查看和研究，下面将 Shader 的完整节点连接图粘贴出来，如图 7-15 所示。

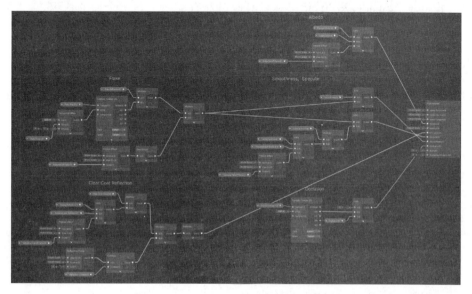

图 7-15 CarPaint Shader 完整节点连接

Unity Universal RP内置Shader解析

7.3 测试 Shader 效果

编辑完 Shader 之后,接下来按照以下步骤测试 Shader 效果:
(1) 创建一个新的材质资源并命名为 CarPaint;
(2) 将编辑完的 CaintPaint Shader 指定到新创建的 CarPaint 材质上;
(3) 将 CarPaint 材质指定到场景中的汽车模型上;
(4) 在材质面板上调节参数,查看车漆效果。
最终 Shader 的测试效果如图 7-16 所示。

图 7-16　车漆 Shader 测试效果

7.4 编写车漆 Shader 代码

本书在 7.2 节中通过 Shader Graph 详细梳理了车漆 Shader 的实现逻辑,然后在 7.3 节中测试并验证了 Shader 效果,想必读者对此已经有了一个非常全面的认识,接下来本节将开始动手编写 Shader 代码。

7.4.1　CarPaint.shader 文件

由于 Shader 开放的属性变量比较多,为了使最终的材质调节面板更有条理,Properties 代码块中使用了[Header()]指令对不同类别的属性变量进行了分组,代码如下:

```
Shader "Example/Car Paint"
{
    Properties
    {
        [Header(_____ Base Layer _____)]
        [Space(10.0)]
        [MainColor] _PigmentColor("Pigment Color", Color) = (1,1,1,1)
        _EdgeColor("Edge Color", Color) = (0,0,0,0)
        [PowerSlider(4.0)] _EdgeFactor("Edge Falloff Factor", Range(0.01, 10.0)) = 0.3
```

```
        [NoScaleOffset] _OcclusionMap("Occlusion Map", 2D) = "white" {}
        _Occlusion("Occlusion", Range(0.0, 1.0)) = 1.0

        _SpecularColor("Specular Color", Color) = (0,0,0,0)
        _FacingSpecular("Facing Specular", Range(0.0, 1.0)) = 0.1
        _PerpendicularSpecular("Perpendicular Specular", Range(0.0, 1.0)) = 0.3
        [PowerSlider(4.0)] _SpecularFactor("Specular Falloff Factor", Range(0.01, 10.0)) = 0.3

        _Smoothness("Smoothness", Range(0.0, 1.0)) = 0.1

        [Header(_____ Clear Coat Layer _____)]
        [Space(10.0)]
        _ClearCoatColor("Clear Coat Color", Color) = (0.5, 0.5, 0.5)
        _ReflectionContrast("Reflection Contrast", Range(0.01, 2.0)) = 1.0
        _FacingReflection("Facing Reflection", Range(0.0, 1.0)) = 0.1
        _PerpendicularReflection("Perpendicular Reflection", Range(0.0, 1.0)) = 1.0
        [PowerSlider(4.0)] _ReflectionFactor("Reflection Falloff Factor", Range(0.01, 10)) = 1.0

        [Header(_____ Flake Layer _____)]
        [Space(10.0)]
        [NoScaleOffset] _FlakeMap("Flake Map", 2D) = "black" {}
        _FlakeDensity("Flake Density", Float) = 1.0
        [PowerSlider(4.0)] _FlakeReflection("Flake Reflection", Range(0.0, 10.0)) = 0.0
        _FlakeFactor("Flake Falloff Factor", Range(0.01, 1.0)) = 0.1
    }
```

解析：

代码中根据属性变量的调节效果将其划分为三类：基础层（Base Layer）属性、表面的透明涂层（Clear Coat Layer）属性、珠光层（Flake Layer）属性。

为了使数值调节起来更加方便，这里使用[PowerSlider()]指令将范围数值全部转换成了指数滑动条。

举个例子：某个属性的数值范围是[0,1]，但是在实际使用过程中[0，0.1]区间最为常用，而如果使用默认的线性滑动条，这段区间对应的滑动范围非常小，调节起来就会很麻烦。在这种情况下，使用指数滑动条可以使[0，0.1]区间对应的滑动范围变大，使调节数值的灵敏度更高。

[PowerSlider()]指令条括号中的数值可以自己定义，设置的数值对应以下效果：

（1）当数值大于 1 的时候，数值越大，属性中较小数值所占滑动条的范围就会越大。

（2）当数值为 1 的时候，变为默认的线性滑动条。

（3）当数值小于 1 的时候，数值越小，范围属性中较小数值所占滑动条的范围就会越小。数值小于 0 编译的时候会报错。

所有材质属性定义完之后，最终的材质设置面板如图 7-17 所示。

在材质面板上，黑色加粗的标题文字将不同类别的材质属性进行了划分，如此便会显得

Unity Universal RP内置Shader解析

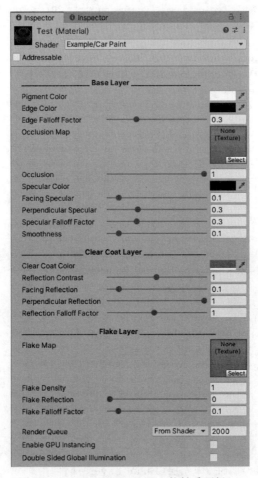

图7-17 Car Paint Shader的材质面板

更加有条理。

编写完Properties部分的代码,下面开始编写SubShader部分,代码如下:

```
SubShader
{
    Tags
    {
        "RenderType" = "Opaque"
        "RenderPipeline" = "UniversalPipeline"
        "IgnoreProjector" = "True"
        "Queue" = "Geometry"
    }

    Pass
    {
```

```
                Name "ForwardLit"
                Tags{"LightMode" = "UniversalForward"}

                ZWrite On
                ZTest LEqual
                Cull Back

                HLSLPROGRAM
                #pragma prefer_hlslcc gles
                #pragma exclude_renderers d3d11_9x
                #pragma target 2.0

                #pragma multi_compile_instancing

                #pragma vertex LitPassVertex
                #pragma fragment LitPassFragment

                //Set specular as current workflow
                #define _SPECULAR_SETUP

                #include "CarPaintInput.hlsl"
                #include "CarPaintForwardPass.hlsl"
                ENDHLSL
            }
        }
        FallBack "Hidden/Universal Render Pipeline/FallbackError"
    }
```

解析：

SubShader 中的代码基本都是参照 Lit.shader 编写的，由于只需要前向渲染，因此只需要一个 ForwardLit Pass 即可。

在 Pass 代码块中，Pass 名称、Pass 标签、编译指令所需要的代码根据需要照搬 Lit.shader 即可。有一点不同的是，本 Shader 在 Pass 中还定义了 _SPECULAR_SETUP 关键词，这是因为默认情况下，Unity 内置的 PBR 光照模型会以金属工作流计算光照效果，而车漆效果使用的是高光工作流，因此需要提前定义 _SPECULAR_SETUP，使光照模型在计算的时候切换到高光工作流。

7.4.2　CarPaintInput.hlsl 文件

为了缩减代码量并减少计算量，重写了 Input 包含文件。这个文件的代码比较多，下面根据功能将代码拆分为不同部分进行讲解，代码如下：

```
#ifndef CAR_PAINT_INPUT_INCLUDED
#define CAR_PAINT_INPUT_INCLUDED
```

```
#include "Packages/com.unity.render-pipelines.universal/ShaderLibrary/SurfaceInput.hlsl"

CBUFFER_START(UnityPerMaterial)
half4 _PigmentColor;
half4 _EdgeColor;
half _EdgeFactor;
half _Occlusion;

half4 _SpecularColor;
half _FacingSpecular;
half _PerpendicularSpecular;
half _SpecularFactor;
half _Smoothness;

half4 _ClearCoatColor;
half _ReflectionContrast;
half _FacingReflection;
half _PerpendicularReflection;
half _ReflectionFactor;

half _FlakeDensity;
half _FlakeReflection;
half _FlakeFactor;
CBUFFER_END

TEXTURE2D(_OcclusionMap);        SAMPLER(sampler_OcclusionMap);
TEXTURE2D(_FlakeMap);            SAMPLER(sampler_FlakeMap);
```

解析：

在这个文件中需要用到 SurfaceData 结构体，而该结构体是在 SurfaceInput.hlsl 文件中定义的，因此在开头就将其包含进来。

接下来在 CBuffer 中声明所有的常数变量，然后声明 AO 贴图和 Flake 纹理，以及纹理对应的采样器。

```
//Define fresnel function
half FresnelEffect(float3 NormalWS, float3 ViewDirWS, half Power)
{
    half NdotV = saturate(dot(normalize(NormalWS), normalize(ViewDirWS)));
    return pow((1.0 - NdotV), Power);
}
```

解析：

这段代码定义了菲涅尔效果的计算函数 FresnelEffect()，函数需要传入世界空间法线、世界空间视线方向，以及一个用于控制边缘过渡范围的变量 Power。

将法线向量与视线向量标准化之后做点乘运算，使朝向视线的区域数值为 1，然后逐渐过渡到边缘数值降为 0,最后过渡到背向视线的区域数值降为 −1,调用 saturate() 函数将数值范围限制到 [0,1] 得到 NdotV 变量。接下来进行数值反转,使朝向视线的区域数值变为 0,边缘区域的数值为 1。最后使用 Power 变量进行指数运算,控制边缘区域过渡的范围。

```
inline void InitializeStandardLitSurfaceData(float4 uv, float3 NormalWS, float3 ViewDirWS,
out SurfaceData outSurfaceData)
{
    half albedoFresnel = FresnelEffect(NormalWS, ViewDirWS, _EdgeFactor);
    outSurfaceData.albedo = lerp(_PigmentColor.rgb, _EdgeColor.rgb, albedoFresnel);

    //Flake for Specular and Smoothness
    half flakeTex = SAMPLE_TEXTURE2D(_FlakeMap, sampler_FlakeMap, uv.zw).r;
    half flakeFresnel = 1.0 - FresnelEffect(NormalWS, ViewDirWS, _FlakeFactor);
    half flake = flakeTex * _FlakeReflection * flakeFresnel;

    half specularFresnel = FresnelEffect(NormalWS, ViewDirWS, _SpecularFactor);
    outSurfaceData.specular = lerp(_FacingSpecular, _PerpendicularSpecular, specularFresnel) *
_SpecularColor.rgb + flake;

    outSurfaceData.smoothness = _Smoothness + flake;
```

解析:

InitializeStandardLitSurfaceData() 函数的作用是初始化 SurfaceData 结构体。传入的 uv 变量定义为 float4 类型,其中 xy 分量保存的是采样 AO 贴图的纹理坐标,zw 分量保存的是采样 Flake 贴图的纹理坐标。由于需要在该函数中调用 FresnelEffect() 函数,因此除了原本需要传入的 uv 变量之外,还需要再传入 NormalWS 和 ViewDirWS 变量。

函数的基本逻辑是:先调用 FresnelEffect() 函数计算出不同类别材质属性的边缘区域,然后以此作为 alpha 通过 lerp() 函数混合两个属性变量。albedo 的计算逻辑比较简单,这里不再赘述,下面讲解比较复杂的珠光漆是如何实现的:

首先使用 uv 变量的 zw 分量对 _FlakeMap 进行采样得到 flakeTex。然后调用 FresnelEffect() 函数得到 Flake 的边缘区域,由于珠光漆的 Flake 是在视角中央出现的,因此将函数的计算结果进行数值反转得到 flakeFresnel。最后将 flakeTex、flakeFresnel 与反射强度 _FlakeReflection 变量相乘,得到 flake。

有了 flake 变量,在接下来计算完 specular 和 smoothness 之后分别与 flake 相加,就可以得到星状的反射效果了。

```
    half clearcoatFresnel = FresnelEffect(NormalWS, ViewDirWS, _ReflectionFactor);
    outSurfaceData.emission = lerp(_FacingReflection, _PerpendicularReflection, clearcoatFresnel) *
_ClearCoatColor.rgb;

    half occ = SAMPLE_TEXTURE2D(_OcclusionMap, sampler_OcclusionMap, uv.xy).r;
    outSurfaceData.occlusion = lerp(1.0, occ, _Occlusion);
```

```hlsl
    //Set up default values in SurfaceData Structure
    outSurfaceData.metallic = 1.0;
    outSurfaceData.normalTS = half3(0.0, 0.0, 1.0);
    outSurfaceData.alpha = 1.0;
}

#endif
```

解析:

Clear Coat 效果的实现方式就比较讨巧了,由于 Clear Coat 的反射是在计算完所有材质效果最后叠加上去的,而内置的光照模型中 emission 属性也是同样的计算逻辑,因此笔者直接将 Clear Coat 的反射保存到了 SurfaceData 结构体的 emission 变量。

接下来是使用纹理坐标的 xy 分量对 AO 贴图进行采样,然后调用 lerp() 函数使其与数值 1 做线性插值,通过 _Occlusion 变量调节 AO 效果的强度。最后为 SurfaceData 结构体中剩余的 metallic、normalTS 和 alpha 变量分别填充上数值。

7.4.3 CarPaintForwardPass.hlsl 文件

输入输出结构体、顶点函数以及片段函数都写在了 CarPaintForwardPass.hlsl 文件中,代码如下:

```hlsl
#ifndef CAR_PAINT_FORWARD_PASS_INCLUDED
#define CAR_PAINT_FORWARD_PASS_INCLUDED

#include "Packages/com.unity.render-pipelines.universal/ShaderLibrary/Lighting.hlsl"

struct Attributes
{
    float4 positionOS   : POSITION;
    float3 normalOS     : NORMAL;
    float4 tangentOS    : TANGENT;
    float2 texcoord     : TEXCOORD0;
    UNITY_VERTEX_INPUT_INSTANCE_ID
};

struct Varyings
{
    float4 uv           : TEXCOORD0;
    DECLARE_LIGHTMAP_OR_SH(lightmapUV, vertexSH, 1);
    float3 normalWS     : TEXCOORD2;
    float3 viewDirWS    : TEXCOORD3;
    float4 positionCS   : SV_POSITION;
    UNITY_VERTEX_INPUT_INSTANCE_ID
    UNITY_VERTEX_OUTPUT_STEREO
};
```

解析：

由于在片段函数中计算光照效果需要用到内置的光照模型，因此将包含光照模型的 Lighting.hlsl 文件包含进来。

在 Attributes 结构体中定义的变量有：顶点坐标、顶点法线、顶点切线、UV 以及 GPU 实例所需要的宏定义。

在 Varyings 结构体中定义的变量有：纹理坐标、光照贴图的宏定义、世界空间法线、世界空间视线、齐次裁切空间顶点坐标以及 GPU 实例和 VR 所需要的宏定义。其中纹理坐标 UV 定义的是 float4 类型的变量，分别用来保存采样 AO 贴图和 Flake 贴图的纹理坐标。

```
void InitializeInputData(Varyings input, half3 normalTS, out InputData inputData)
{
    inputData = (InputData)0;

    inputData.normalWS = NormalizeNormalPerPixel(input.normalWS);
    inputData.viewDirectionWS = SafeNormalize(input.viewDirWS);
    inputData.shadowCoord = float4(0, 0, 0, 0);
    inputData.bakedGI = SAMPLE_GI(input.lightmapUV, input.vertexSH, inputData.normalWS);
}
```

解析：

InitializeInputData() 函数用于初始化 InputData 结构体。函数中只需要计算在后面会用到的世界法线、世界视线以及全局光照即可。阴影坐标手动填充为 (0, 0, 0, 0)，其实也可以不需要手动初始化，因为本函数在最开始的时候已经使用 inputData =（InputData）0 指令初始化了结构体中的所有变量。

```
//Get cubemap reflection
half3 GetReflection(float3 viewDirWS, float3 normalWS)
{
    float3 reflectVec = reflect(-viewDirWS, normalWS);

    //Sample cubemap in Environment and decode
    return DecodeHDREnvironment(SAMPLE_TEXTURECUBE(unity_SpecCube0, samplerunity_SpecCube0, reflectVec), unity_SpecCube0_HDR);
}
```

解析：

GetReflection() 函数用于获取到环境光的反射，包括场景灯光设置面板中的环境光，以及通过 Reflection Probe（反射探针）烘焙出的反射。函数需要传入世界空间视线和世界空间法线。

函数内部调用 reflect() 函数得到视线的反射方向 reflectVec 变量，需要注意的是：Unity 中的视线方向一般都是从顶点指向摄像机，而 reflect() 函数需要传入的视线方向需要从摄像机指向顶点，因此需要将 viewDirWS 变量反向。

接下来调用 SAMPLE_TEXTURECUBE() 宏定义对环境反射进行采样，宏定义中需要依次传入环境反射的变量名称、采样器、视线的反射方向。然后调用DecodeHDREnvironment()函数对采样之后的环境反射解码并返回。函数中传入的变量是在UnityInput.hlsl文件中定义的,而函数则是在Packages/Core PR Library/ShaderLibrary/EntityLighting.hlsl文件中定义的,感兴趣的读者可以自行查阅代码。

```
//Adjust reflection contrast
half3 UnityContrast(half3 In, half Contrast)
{
    half midpoint = pow(0.5, 2.2);
    return lerp(midpoint, In, Contrast);
}
```

解析:

UnityContrast()函数用于调节Clear Coat反射的对比度,需要传入反射颜色和对比度强度。

函数中先定义了一个中间色0.5,然后进行指数计算将其转变到Gamma色彩空间得到midpoint变量,最后将midpoint与传入的反射颜色进行插值计算,即可通过Contrast变量控制Clear Coat反射的对比度了。

```
Varyings LitPassVertex(Attributes input)
{
    Varyings output = (Varyings)0;

    UNITY_SETUP_INSTANCE_ID(input);
    UNITY_TRANSFER_INSTANCE_ID(input, output);
    UNITY_INITIALIZE_VERTEX_OUTPUT_STEREO(output);

    VertexPositionInputs vertexInput = GetVertexPositionInputs(input.positionOS.xyz);
    VertexNormalInputs normalInput = GetVertexNormalInputs(input.normalOS, input.tangentOS);

    output.normalWS = normalInput.normalWS;
    output.viewDirWS = GetCameraPositionWS() - vertexInput.positionWS;
    output.positionCS = vertexInput.positionCS;

    OUTPUT_SH(output.normalWS.xyz, output.vertexSH);

    output.uv.xy = input.texcoord;
    output.uv.zw = input.texcoord * _FlakeDensity;

    return output;
}
```

解析:

下面开始定义顶点函数。函数最开始先初始化输出结构体Varyings,然后连续调用三个宏定义,分别用于GPU实例功能和VR功能。接下来分别声明VertexPositionInputs和

VertexNormalInputs 结构体,并调用 GetVertexPositionInputs() 函数和 GetVertexNormalInputs() 函数将结构体内的变量初始化,等待接下来调用。

然后开始为输出结构体中的变量赋值,其中 viewDirWS 变量是手动计算的,将世界空间摄像机位置减去世界空间顶点位置就可以得到世界空间视线方向。uv 变量的 xy 分量用于采样 AO 贴图,不需要计算重复与偏移;zw 分量用于采样 Flake 纹理,由于只需要实现纹理的平铺效果,因此只与 _FlakeDensity 变量相乘即可。

```
half4 LitPassFragment(Varyings input) : SV_Target
{
    UNITY_SETUP_INSTANCE_ID(input);
    UNITY_SETUP_STEREO_EYE_INDEX_POST_VERTEX(input);

    SurfaceData surfaceData;
    InitializeStandardLitSurfaceData(input.uv, input.normalWS, input.viewDirWS, surfaceData);

    InputData inputData;
    InitializeInputData(input, surfaceData.normalTS, inputData);

    //Adjust reflection contrast
    half3 contrastReflection = UnityContrast(GetReflection(input.viewDirWS, input.normalWS), _ReflectionContrast);
    surfaceData.emission = saturate(surfaceData.emission * contrastReflection);

    half4 color = UniversalFragmentPBR(inputData, surfaceData.albedo, surfaceData.metallic, surfaceData.specular, surfaceData.smoothness, surfaceData.occlusion, surfaceData.emission, surfaceData.alpha);

    return color;
}

#endif
```

解析:

最后定义的是片段函数,函数内部基本上都是各种函数的调用。

开始依然是调用两个宏定义分别用于 GPU 实例功能和 VR 功能。接下来声明 SurfaceData 和 SurfaceData 结构体并调用 InitializeStandardLitSurfaceData() 函数和 InitializeInputData() 函数分别对两个结构体进行初始化。

然后调用 GetReflection() 函数获取到环境反射,并将结果传入到 UnityContrast() 函数以调节反射的对比度,得到 contrastReflection 变量。将 contrastReflection 与 emission(保存的是 Clear Coat 颜色)变量相乘,为了避免相乘之后数值太大而产生自发光的效果,因此调用 saturate() 函数对数值范围进行限制。

最后调用 Unity 内置的 UniversalFragmentPBR() 函数,并将 InputData 结构体和 SurfaceData 结构体中的变量依次传入,最终得到经过物理光照计算的颜色。

第8章

流光灯特效Shader案例

经过第 7 章关于车漆 Shader 的讲解,想必读者已经基本熟悉了常规 Shader 效果的编写方法。然而在 3D 应用中不仅会存在静态 Shader 效果,也会存在大量动态 Shader 效果,并且这种情况在游戏中尤其居多。因此本章就以一个非常规的案例——流光灯作为本书的最后一章,带领读者熟悉动态类的 Shader。

8.1 效果分析

流光灯在现实生活中还是比较常见的,例如逢年过节各大商场门前都会挂起来的跑马灯,再例如道路边上指示汽车行进方向的指向灯。笔者在项目开发过程中就收到这样的需求,需要通过 Shader 实现汽车转向灯的流光效果,如图 8-1 所示。

图 8-1　汽车流光灯效果

首先需要一个开关用来控制车灯的开启与关闭,当开启的时候,灯带就会按照图 8-1 中箭头方向逐渐亮起来,当整个灯带都变亮之后立刻灭掉,然后再按照箭头方向逐渐亮起,如此循环。

为了使流光灯能够按照一致的方向和顺序依次亮起，需要对车灯模型的 UV 按照灯光的流动方向从左向右依次摆开，处理完成之后的 UV 效果如图 8-2 所示。

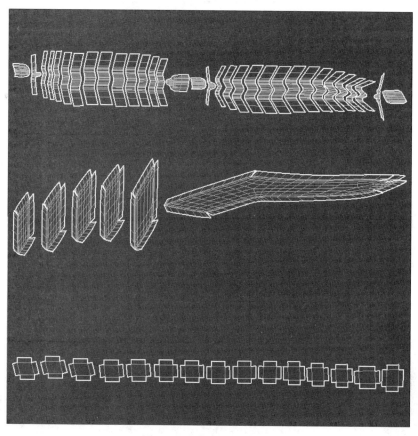

图 8-2　流光灯的模型 UV

8.2　使用 Shader Graph 梳理逻辑

在项目资源中创建 PBR Graph 类型的 Shader 文件并命名为 FlowingLight，然后双击文件打开 Shader 编辑器。

8.2.1　开放属性变量

为了使材质的可调节度更高，本 Shader 开放了大量属性变量，如图 8-3 所示。

属性变量中的大部分都是 PBR 材质的常规属性，其中 Light Switch 属于 Boolean 类型的属性变量，用于流光灯的开启与关闭；Light Color 需要开启 HDR 模式，用于控制流光灯的颜色；Flow Speed 用于控制灯光的流动速度。

Unity Universal RP内置Shader解析

图 8-3 开放属性变量

8.2.2 Albedo 和 Normal 部分节点

Albedo 和 Normal 部分的节点按照常规 Shader 进行连接，如图 8-4 所示。

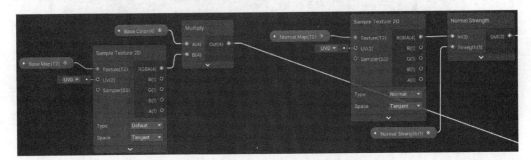

图 8-4 Albedo 和 Normal 节点连接

首先使用 Sample Texture 2D 节点对 Base Map 纹理资源进行采样，然后将采样结果与 Base Color 属性变量相乘，用于控制漫反射的颜色，乘积连接到材质的 Albedo 接口。

接下来对 Normal Map 纹理资源进行采样，采样类型需要设置为 Normal，然后将采样结果连接到 Normal Strength 节点，同时连入 Normal Strength 属性变量用于控制法线强度，最后将结果连接到材质的 Normal 接口。

8.2.3 Metallic 和 Smoothness 部分节点

为了达到节省纹理资源的目的，本案例参照了 Lit.shader，将金属性纹理和光滑度纹理合成一张纹理资源，分别保存到纹理的 R 通道和 A 通道中，节点连接如图 8-5 所示。

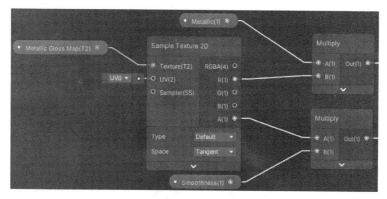

图 8-5　Metallic 和 Smoothness 节点连接

首先使用 Sample Texture 2D 节点对 Metallic Gloss Map 纹理资源采样,然后将采样结果的 R 通道与 Metallic 属性变量相乘用于控制金属性强度,乘积连接到材质的 Metallic 接口。接下来将采样结果的 A 通道与 Smoothness 属性变量相乘用于控制光滑度属性,乘积连接到材质的 Smoothness 接口。

8.2.4　灯光部分节点连接

灯光特效的实现方式是本案例的核心内容,节点连接如图 8-6 所示。

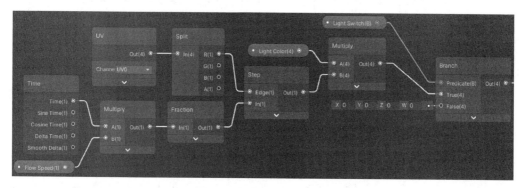

图 8-6　灯光部分节点连接

动态特效需要时间变量进行驱动,因此调用 Time 节点并与 Flow Speed 属性变量相乘,用于控制时间的递增速度,进而控制特效的变化速度。为了实现灯光的循环流动效果,需要将时间的乘积连接到 Fraction 节点上,得到如图 8-7 所示的结果。

Fraction 节点会将时间数值的整数部分裁掉,只保存数值的小数部分,因此会得到从 0 到 1 不断重复的数值。然后使用 Step 节点将时间数值与纹理坐标的 X 分量进行对比,而 X 分量在横向的数值范围也是[0,1],于是随着时间数值的不断重复变化,Step 节点的缩略图如图 8-8 所示。

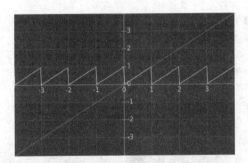

图 8-7 Fraction 节点效果

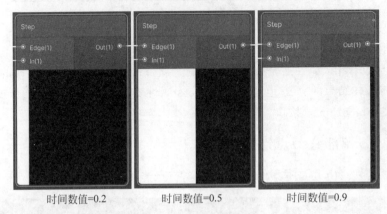

图 8-8 Step 节点缩略图

当时间数值为 0.2 时,图像中只有左侧 20％为白色;当时间数值为 0.5 时,图像中左侧 50％都是白色;当时间数值为 0.9 时,图像左侧 90％都是白色。白色部分就是亮灯的部分,因此,灯光会按照模型 UV 的横向排放顺序,从左向右依次亮起,当全部亮起之后再全部关闭,然后再从左向右亮起,如此循环。

接下来,将 Step 节点与 Light Color 属性变量相乘,用于控制灯光的颜色,乘积连接到 Branch 节点的 True 接口上,然后将 False 接口设置为(0,0,0,0)纯黑色,并将 Light Switch 属性变量连接到 Predicate 接口上,最后将 Branch 节点的输出结果连接到材质的 Emission 接口上。如此一来,当灯光开关开启时,Branch 节点输出的是灯光的动态效果,物体就会表现为流光灯效果;当灯光开关关闭时,Branch 节点输出的是黑色效果,物体就不会表现出任何灯管效果。

8.2.5 完整节点连接

关于 Occlusion 部分的节点连接与本书第 7 章的连接方法一致,这里不再赘述。同样,为了方便读者查看和研究,下面把本 Shader 完整的节点连接粘贴出来,如图 8-9 所示。

第8章 流光灯特效Shader案例

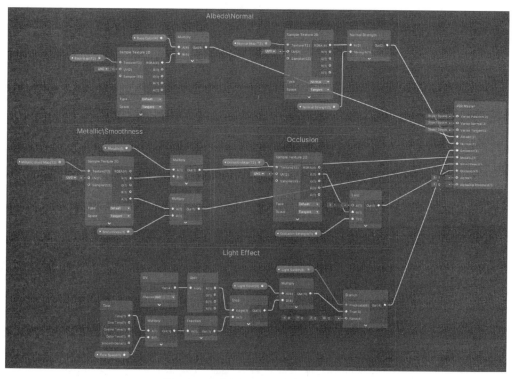

图 8-9 流光灯 Shader 完整节点连接

8.3 编写流光灯 Shader 代码

本书在 8.2 节中已经使用 Shader Graph 梳理清楚了流光灯的具体实现逻辑，接下来本节就通过编写 Shader 代码实现流光灯效果。有了第 7 章的经验，相信这次的 Shader 编写并不会难倒读者。

8.3.1 FlowingLight.shader 文件

FlowingLight.shader 文件是流光灯效果的 Shader 主文件，下面将其拆分成不同部分进行讲解，代码如下：

```
Shader "Example/FlowingLight"
{
    Properties
    {
        [Header(Base Properties)]
        [Space(10)]
        [NoScaleOffset] _BaseMap("Base Map", 2D) = "white" {}
        _BaseColor("Base Color", Color) = (1.0, 1.0, 1.0, 0.0)
```

```
[NoScaleOffset] _MetallicGlossMap("Metallic Gloss Map", 2D) = "white" {}
_Metallic("Metallic", Range(0.0, 1.0)) = 0.0
_Smoothness("Smoothness", Range(0.0, 1.0)) = 0.0

[NoScaleOffset] _BumpMap("Normal Map", 2D) = "bump" {}
_BumpScale("Normal Strength", Range(0.0, 1.0)) = 1.0

[NoScaleOffset] _OcclusionMap("Occlusion Map", 2D) = "white" {}
_OcclusionStrength("Occlusion Strength", Range(0.0, 1.0)) = 1.0

[Header(Light Properties)]
[Space(10)]
[Toggle] _LightSwitch("Light Switch", Float) = 0
[HDR] _LightColor("Light Color", Color) = (3.4, 2.6, 1.7, 1.0)
_FlowSpeed("Flow Speed", Float) = 1.0
}
```

解析：

在Properties代码块中按照第8.2节的逻辑开放出了所有需要的属性变量，并通过[Header()]指令将不同类型的属性变量进行了分类。由于不需要调整纹理的平铺值和偏移，因此在_BaseMap、_MetallicGlossMap、_BumpMap和_OcclusionMap纹理属性前添加[NoScaleOffset]指令以隐藏材质面板上的平铺值和偏移。

_LightSwitch前添加[Toggle]指令可以将数值型属性变量在材质面板上以开关的样式呈现。_LightColor前添加[HDR]指令可以使颜色属性变量的亮度突破最大值为1的限制，使物体产生自发光。

SubShader部分的代码与第7章中这一部分的代码基本一致，代码如下：

```
SubShader
{
    Tags
    {
        "RenderType" = "Opaque"
        "RenderPipeline" = "UniversalPipeline"
        "Queue" = "Geometry"
    }

    Pass
    {
        Name "ForwardLit"
        Tags{"LightMode" = "UniversalForward"}

        ZWrite On
        ZTest LEqual
        Cull Back
```

```
            HLSLPROGRAM
            #pragma prefer_hlslcc gles
            #pragma exclude_renderers d3d11_9x
            #pragma target 2.0

            #pragma multi_compile_instanceing

            #pragma vertex LitPassVertex
            #pragma fragment LitPassFragment

            #include "FlowingLightInput.hlsl"
            #include "FlowingLightForwardPass.hlsl"
            ENDHLSL
        }
    }
    FallBack "Hidden/Universal Render Pipeline/FallbackError"
}
```

8.3.2　FlowingLightInput.hlsl 文件

FlowingLightInput.hlsl 是流光灯 Shader 的第一个包含文件,其代码如下所示:

```
#ifndef FLOWING_LIGHT_INPUT_INCLUDED
#define FLOWING_LIGHT_INPUT_INCLUDED

#include "Packages/com.unity.render-pipelines.universal/ShaderLibrary/SurfaceInput.hlsl"

// Declare property variables
CBUFFER_START(UnityPerMaterial)
half4 _BaseColor;
half _Metallic;
half _Smoothness;
half _BumpScale;
half _OcclusionStrength;

half _LightSwitch;
half4 _LightColor;
half _FlowSpeed;
CBUFFER_END

TEXTURE2D(_MetallicGlossMap);     SAMPLER(sampler_MetallicGlossMap);
TEXTURE2D(_OcclusionMap);         SAMPLER(sampler_OcclusionMap);

//Define flowing light dynamic funcation
half FlowingLight (float2 uv)
{
```

Unity Universal RP内置Shader解析

```
    half range01 = frac(_Time.y * _FlowSpeed);
    return step(uv.x, range01);
}
```

解析：

代码中先将SurfaceInput.hlsl文件包含进来，然后在CBuffer中将所有的数值型属性变量重新声明了一遍，并声明了_MetallicGlossMap和_OcclusionMap纹理以及它们的采样器。

代码中接下来定义了FlowingLight()函数，函数需要传入模型的纹理坐标，用于计算流光灯的动态效果。函数中的计算逻辑完全与Shader Graph一致，将时间变量的Y分量与_FlowSpeed属性变量相乘用于控制时间的递增速度，然后调用frac()函数剔除时间变量的整数部分数值，只保留小数部分数值，得到范围[0,1]之间重复变化的range01变量。最后调用step()函数将纹理坐标的X分量与range01进行对比，得到从纹理坐标左侧向右侧依次亮起的循环效果。

```
inline void InitializeStandardLitSurfaceData(float2 uv, out SurfaceData outSurfaceData)
{
    outSurfaceData.albedo = SAMPLE_TEXTURE2D(_BaseMap, sampler_BaseMap, uv).rgb * _BaseColor.rgb;

    half4 metallicGloss = SAMPLE_TEXTURE2D(_MetallicGlossMap, sampler_MetallicGlossMap, uv);
    outSurfaceData.metallic = metallicGloss.r * _Metallic;
    outSurfaceData.smoothness = metallicGloss.a * _Smoothness;
```

解析：

这段代码用于定义InitializeStandardLitSurfaceData()函数，函数需要传入纹理坐标并输出outSurfaceData结构体。

函数中先使用SAMPLE_TEXTURE2D()宏定义对_BaseMap纹理采样，并将采样结果与_BaseColor属性变量相乘，用于控制纹理采样之后的颜色，并将乘积保存到SurfaceData结构体的albedo变量中。

接下来，对_MetallicGlossMap纹理进行采样得到metallicGloss变量，由于_MetallicGlossMap纹理的R通道保存了金属性信息、A通道保存了光滑度信息，因此将metallicGloss变量的R分量与_Metallic属性变量相乘，结果保存到SurfaceData结构体的metallic变量中；将A通道与_Smoothness属性变量相乘，结果保存到SurfaceData结构体的smoothness变量中。

```
    half4 normal = SAMPLE_TEXTURE2D(_BumpMap, sampler_BumpMap, uv);
    outSurfaceData.normalTS = UnpackNormalScale(normal, _BumpScale);

    half occ = SAMPLE_TEXTURE2D(_OcclusionMap, sampler_OcclusionMap, uv).r;
    outSurfaceData.occlusion = lerp(1.0, occ, _OcclusionStrength);
```

解析:

接下来对法线纹理进行采样,代码中还用到了 UnpackNormalScale( )函数用于控制法线的强度,函数需要传入采样之后的法线纹理和法线强度变量,然后将返回值保存到 SurfaceData 结构体的 normalTS 变量中。

最后对 AO 纹理进行采样得到 occ 变量,代码中还调用了 lerp( )函数,使用 _OcclusionStrength 属性变量在数值 1 与 occ 之间进行线性插值,从而控制 AO 的强度,最终的结果保存到 SurfaceData 结构体的 occlusion 变量中。

```
    half3 light = FlowingLight(uv) * _LightColor.rgb;
    outSurfaceData.emission = _LightSwitch ? light : half3(0.0, 0.0, 0.0);

    //Set up default values
    outSurfaceData.specular = half3(0.0, 0.0, 0.0);
    outSurfaceData.alpha = 1.0;
}

#endif
```

解析:

这段代码的主要作用是实现开启和关闭流光灯效果。代码中调用了之前定义的 FlowingLight( )函数得到动态的流光效果,然后与_LightColor 属性变量相乘用于调节灯光的颜色。

接下来通过_LightSwitch 属性变量进行判断,_LightSwitch 变量为 True 的时候输出流光灯效果到 SurfaceData 结构体的 emission 变量中;否则输出(0.0,0.0,0.0,0.0)纯黑色,从而实现开关灯的功能。

8.3.3 FlowingLightForwardPass.hlsl 文件

FlowingLightForwardPass.hlsl 文件是流光灯 Shader 的第二个包含文件,文件中的代码与车漆 Shader 基本一致,为了节省篇幅,本书只讲解不同之处,代码如下:

```
#ifndef FLOWING_LIGHT_FORWARD_PASS_INCLUDED
#define FLOWING_LIGHT_FORWARD_PASS_INCLUDED

#include "Packages/com.unity.render-pipelines.universal/ShaderLibrary/Lighting.hlsl"

struct Attributes
{
    float4 positionOS   : POSITION;
    float3 normalOS     : NORMAL;
    float4 tangentOS    : TANGENT;
    float2 texcoord     : TEXCOORD0;
```

```
    UNITY_VERTEX_INPUT_INSTANCE_ID
};

struct Varyings
{
    float2 uv                          : TEXCOORD0;
    DECLARE_LIGHTMAP_OR_SH(lightmapUV, vertexSH, 1);

    float3 normalWS                    : TEXCOORD2;
    float4 tangentWS                   : TEXCOORD3;
    float3 viewDirWS                   : TEXCOORD4;

    float4 positionCS                  : SV_POSITION;
    UNITY_VERTEX_INPUT_INSTANCE_ID
    UNITY_VERTEX_OUTPUT_STEREO
};
```

解析：

由于流光灯 Shader 需要计算法线纹理，在变换法线向量的时候需要用到切线，因此需要在 Attributes 结构体中获取到顶点的切线向量，并在 Varyings 结构体中声明 tangentWS 变量用于保存世界空间切线向量。

```
void InitializeInputData(Varyings input, half3 normalTS, out InputData inputData)
{
    inputData = (InputData)0;

    float sgn = input.tangentWS.w;
    float3 bitangent = sgn * cross(input.normalWS.xyz, input.tangentWS.xyz);
    inputData.normalWS = TransformTangentToWorld(normalTS, half3x3(input.tangentWS.xyz, bitangent.xyz, input.normalWS.xyz));
    inputData.normalWS = NormalizeNormalPerPixel(inputData.normalWS);

    inputData.viewDirectionWS = SafeNormalize(input.viewDirWS);

    inputData.bakedGI = SAMPLE_GI(input.lightmapUV, input.vertexSH, inputData.normalWS);
}
```

解析：

上述代码定义了 InitializeInputData() 函数，函数主要用于初始化传入到片段着色器的 InputData 结构体。

函数中先将 tangentWS 变量的 W 分享提取出来，保存为 sgn 变量，然后将世界空间法线与世界空间切线叉乘，乘积再与 sgn 变量相乘，得到顶点的次切线向量 bitangent。接着将世界空间切线向量、次切线向量、法线向量组成一个 3×3 的变换矩阵，并调用 TransformWorldToTangent() 函数将法线纹理从切线空间变换到世界空间，然后调用

NormalizeNormalPerPixel()函数对其标准化处理,最后保存到 InputData 结构体的 normalWS 变量中。

后面的 viewDirectionWS 和 bakedGI 变量的计算逻辑与车漆 Shader 一致,这里不再赘述。

```
// Vertex function
Varyings LitPassVertex(Attributes input)
{
    Varyings output = (Varyings)0;

    UNITY_SETUP_INSTANCE_ID(input);
    UNITY_TRANSFER_INSTANCE_ID(input, output);
    UNITY_INITIALIZE_VERTEX_OUTPUT_STEREO(output);

    VertexPositionInputs vertexInput = GetVertexPositionInputs(input.positionOS.xyz);
    output.positionCS = vertexInput.positionCS;
    output.viewDirWS = GetCameraPositionWS() - vertexInput.positionWS;
```

解析:

在顶点着色器中,首先调用 GetVertexPositionInputs()函数把 VertexPositionInputs 结构体中的变量全部填充进数据,并将其中的裁切空间顶点坐标保存到 Varyings 结构体 positionCS 变量中。

接下来调用 GetCameraPositionWS()函数获取到摄像机的世界空间坐标,减去 VertexPositionInputs 结构体中的 positionWS 变量得到世界空间视角方向,并保存到 Varyings 结构体的 viewDirWS 变量中。

```
    VertexNormalInputs normalInput = GetVertexNormalInputs(input.normalOS, input.tangentOS);
    output.normalWS = normalInput.normalWS;

    real sign = input.tangentOS.w * GetOddNegativeScale();
    output.tangentWS = half4(normalInput.tangentWS.xyz, sign);

    OUTPUT_SH(output.normalWS.xyz, output.vertexSH);

    output.uv = input.texcoord;

    return output;
}
```

解析:

上述代码主要是计算法线向量。首先调用 GetVertexNormalInputs()函数将 VertexNormalInputs 结构体中的变量填充完,并将其中的世界空间法线向量保存到 Varyings 结构体的 normalWS 中。

接下来,将表示切线方向的 W 分量与世界空间切线向量合并成一个变量,保存到 Varyings 结构体的 tangentWS 变量中,然后调用 OUTPUT_SH()宏定义计算顶点的球谐函数。由于不需要计算纹理的平铺值和偏移值,因此直接将模型的纹理坐标保存到 Varyings 结构体的 uv 变量中。

最后是片段着色器部分的代码,其编写逻辑与车漆 Shader 基本一致,代码如下所示:

```
// Fragment function
half4 LitPassFragment(Varyings input) : SV_Target
{
    UNITY_SETUP_INSTANCE_ID(input);
    UNITY_SETUP_STEREO_EYE_INDEX_POST_VERTEX(input);

    SurfaceData surfaceData;
    InitializeStandardLitSurfaceData(input.uv, surfaceData);

    InputData inputData;
    InitializeInputData(input, surfaceData.normalTS, inputData);

    half4 color = UniversalFragmentPBR(inputData, surfaceData.albedo, surfaceData.metallic,
    surfaceData.specular, surfaceData.smoothness, surfaceData.occlusion, surfaceData.emission,
    surfaceData.alpha);

    return color;
}

#endif
```

后　　记

如果你从本书的开始一直读到这里,并且已经掌握了本书的大部分知识点,那么恭喜你,你已经基本了解了 Unity URP 中的 Shader,相信现在的你想要编写一个自己的 URP Shader 已经不是什么难题了。

如果读者还是不清楚包含文件中定义的某些函数的工作原理,或者某些算法到底是基于什么逻辑,那也不必灰心。本书之所以会花费篇幅讲解包含文件中的函数,只是为了使读者加深对于整个渲染机制的理解。但是作为一名应用型开发人员,在项目中只需要按照 Lit.shader 提供的这套框架编写自己的 Shader 即可,即便没有理解渲染流水线背后的工作原理,也不会影响使用。

另外,时代在进步,技术也在不断发展,Unity 对于 URP 也会不断迭代优化。当你拿到这本书的时候,可能书中很多的代码或者函数都已经变了,但是其内在的逻辑依然是不会改变的,只要读者按照本书讲解的方式阅读最新代码,多查阅包含文件和官方文档,掌握起来其实并不会太难。

笔者一边在工作中研究探索,一边将自己的研究心得总结下来,编辑成册,最后成了读者手中拿到的这一本书。本书涉及的所有知识点都已经应用于公司的正式项目中,如果读者在学习过程中发现有错误之处,恳请批评指正。

参 考 文 献

[1] 王烁. Unity Blog-13：SPR[EB/OL].(2018-07-24)[2020-10-01]. http://www.geekfaner.com/unity/blog13_SRP.html#Unity.

[2] Unity Technologies. Universal Render Pipeline 官方文档[EB/OL].(2018-08-03)[2020-10-01]. https://docs.unity3d.com/Packages/com.unity.render-pipelines.universal@10.0/manual/index.html.

[3] Unity Technologies. Universal User Manual[EB/OL].(2020-10-06)[2020-10-07]. https://docs.unity3d.com/Manual/SL-Shader.html.

[4] 崔嘉艺,译. Unity 的 GPU Instancing 技术[EB/OL].(2019-03-04)[2020-10-18]. https://blog.csdn.net/lzhq1982/article/details/88119283.

[5] 徒花.[Universal RP]Unity 通用渲染管线的 Lit.shader[EB/OL].(2020-06-18)[2020-10-18]. https://zhuanlan.zhihu.com/p/87602137.

[6] Nathan Reed. Depth Precision Visualized[EB/OL].(2015-07-15)[2020-11-06]. https://developer.nvidia.com/content/depth-precision-visualized.

[7] PZZZB. 深度缓冲格式、深度冲突及平台差异[EB/OL].(2019-10-24)[2020-11-06]. https://zhuanlan.zhihu.com/p/66175070.

[8] Unity Technologies. Platform-specific Rendering Differences[EB/OL].(2020-10-27)[2020-11-07]. https://docs.unity3d.com/Manual/SL-PlatformDifferences.html.

[9] Esfog. Unity5 中的 MetaPass[EB/OL].(2016-12-30)[2020-11-12]. https://www.cnblogs.com/Esfog/p/MetaPass_In_Unity5.html.

[10] Redshift Rendering Technologies. Car Paint[EB/OL].(2017-01-01)[2020-11-18]. https://docs.redshift3d.com/display/RSDOCS/Car+Paint.